物化历史系列

黄河史话

A Brief History of
the Yellow River in China

辛德勇 / 著

社会科学文献出版社
SOCIAL SCIENCES ACADEMIC PRESS (CHINA)

图书在版编目（CIP）数据

黄河史话/辛德勇著．—北京：社会科学文献出版社，
2011.7（2013.6 重印）
（中国史话）
ISBN 978 - 7 - 5097 - 2210 - 7

Ⅰ.①黄…　Ⅱ.①辛…　Ⅲ.①黄河 - 水利史
Ⅳ.①TV882.1 - 092

中国版本图书馆 CIP 数据核字（2011）第 111411 号

"十二五"国家重点出版规划项目

中国史话·物化历史系列

黄河史话

著　者/辛德勇

出版人/谢寿光
出版者/社会科学文献出版社
地　址/北京市西城区北三环中路甲 29 号院 3 号楼华龙大厦
邮政编码/100029

责任部门/人文分社　（010）59367215
电子信箱/renwen@ssap.cn
责任编辑/范明礼
责任校对/周志静
责任印制/岳　阳
经　销/社会科学文献出版社市场营销中心
　　　　（010）59367081　59367089
读者服务/读者服务中心（010）59367028

印　装/北京画中画印刷有限公司
开　本/889mm×1194mm　1/32　印张/6
版　次/2011 年 7 月第 1 版　字数/109 千字
印　次/2013 年 6 月第 5 次印刷
书　号/ISBN 978 - 7 - 5097 - 2210 - 7
定　价/15.00 元

总　序

　　中国是一个有着悠久文化历史的古老国度，从传说中的三皇五帝到中华人民共和国的建立，生活在这片土地上的人们从来都没有停止过探寻、创造的脚步。长沙马王堆出土的轻若烟雾、薄如蝉翼的素纱衣向世人昭示着古人在丝绸纺织、制作方面所达到的高度；敦煌莫高窟近五百个洞窟中的两千多尊彩塑雕像和大量的彩绘壁画又向世人显示了古人在雕塑和绘画方面所取得的成绩；还有青铜器、唐三彩、园林建筑、宫殿建筑，以及书法、诗歌、茶道、中医等物质与非物质文化遗产，它们无不向世人展示了中华五千年文化的灿烂与辉煌，展示了中国这一古老国度的魅力与绚烂。这是一份宝贵的遗产，值得我们每一位炎黄子孙珍视。

　　历史不会永远眷顾任何一个民族或一个国家，当世界进入近代之时，曾经一千多年雄踞世界发展高峰的古老中国，从巅峰跌落。1840 年鸦片战争的炮声打破了清帝国"天朝上国"的迷梦，从此中国沦为被列强宰割的羔羊。一个个不平等条约的签订，不仅使中国大量的白银外流，更使中国的领土一步步被列强侵占，国库亏空，民不聊生。东方古国曾经拥有的辉煌，也随着西方列强坚船利炮的轰击而烟消云散，中国一步步堕入了半殖民地的深渊。不甘屈服的中国人民也由此开始了救国救民、富国图强的抗争之路。从洋务运动到维新变法，从太平天国到辛亥革命，从五四运动到中国共产党领导的新民主主义革命，中国人民屡败屡战，终于认识到了"只有社会主义才能救中国，只有社会主义才能发展中国"这一道理。中国共产党领导中国人民推倒三座大山，建立了新中国，从此饱受屈辱与蹂躏的中国人民站起来了。古老的中国焕发出新的生机与活力，摆脱了任人宰割与欺侮的历史，屹立于世界民族之林。每一位中华儿女应当了解中华民族数千年的文明史，也应当牢记鸦片战争以来一百多年民族屈辱的历史。

当我们步入全球化大潮的 21 世纪，信息技术革命迅猛发展，地区之间的交流壁垒被互联网之类的新兴交流工具所打破，世界的多元性展示在世人面前。世界上任何一个区域都不可避免地存在着两种以上文化的交汇与碰撞，但不可否认的是，近些年来，随着市场经济的大潮，西方文化扑面而来，有些人唯西方为时尚，把民族的传统丢在一边。大批年轻人甚至比西方人还热衷于圣诞节、情人节与洋快餐，对我国各民族的重大节日以及中国历史的基本知识却茫然无知，这是中华民族实现复兴大业中的重大忧患。

中国之所以为中国，中华民族之所以历数千年而不分离，根基就在于五千年来一脉相传的中华文明。如果丢弃了千百年来一脉相承的文化，任凭外来文化随意浸染，很难设想13亿中国人到哪里去寻找民族向心力和凝聚力。在推进社会主义现代化、实现民族复兴的伟大事业中，大力弘扬优秀的中华民族文化和民族精神，弘扬中华文化的爱国主义传统和民族自尊意识，在建设中国特色社会主义的进程中，构建具有中国特色的文化价值体系，光大中华民族的优秀传统文化是一件任重而道远的事业。

当前，我国进入了经济体制深刻变革、社会结构深刻变动、利益格局深刻调整、思想观念深刻变化的新的历史时期。面对新的历史任务和来自各方的新挑战，全党和全国人民都需要学习和把握社会主义核心价值体系，进一步形成全社会共同的理想信念和道德规范，打牢全党全国各族人民团结奋斗的思想道德基础，形成全民族奋发向上的精神力量，这是我们建设社会主义和谐社会的思想保证。中国社会科学院作为国家社会科学研究的机构，有责任为此作出贡献。我们在编写出版《中华文明史话》与《百年中国史话》的基础上，组织院内外各研究领域的专家，融合近年来的最新研究，编辑出版大型历史知识系列丛书——《中国史话》，其目的就在于为广大人民群众尤其是青少年提供一套较为完整、准确地介绍中国历史和传统文化的普及类系列丛书，从而使生活在信息时代的人们尤其是青少年能够了解自己祖先的历史，在东西南北文化的交流中由知己到知彼，善于取人之长补己之短，在中国与世界各国愈来愈深的文化交融中，保持自己的本色与特色，将中华民族自强不息、厚德载物的精神永远发扬下去。

《中国史话》系列丛书首批计 200 种，每种 10 万字左右，主要从政治、经济、文化、军事、哲学、艺术、科技、饮食、服饰、交通、建筑等各个方面介绍了从古至今数千年来中华文明发展和变迁的历史。这些历史不仅展现了中华五千年文化的辉煌，展现了先民的智慧与创造精神，而且展现了中国人民的不屈与抗争精神。我们衷心地希望这套普及历史知识的丛书对广大人民群众进一步了解中华民族的优秀文化传统，增强民族自尊心和自豪感发挥应有的作用，鼓舞广大人民群众特别是新一代的劳动者和建设者在建设中国特色社会主义的道路上不断阔步前进，为我们祖国美好的未来贡献更大的力量。

陈奎元

2011 年 4 月

⊙辛德勇

作者小传

　　辛德勇，1959年生，历史学博士。曾任陕西师范大学副教授，中国社会科学院历史研究所副研究员、研究员，现任北京大学历史系教授。主要研究历史地理学、历史文献学，兼事中国地理学史和中国地图学史研究。已出版的书籍有《隋唐两京丛考》、《古代交通与地理文献研究》、《未亥斋读书记》、《读书与藏书之间》（初集、二集）、《历史的空间与空间的历史》、《两京新记辑校　大业杂记辑校》、《秦汉政区与边界地理研究》、《困学书城》、《纵心所欲》。

目　录

引　言 ……………………………………………… 1

一　河源的探索 ………………………………… 5

二　九地黄流乱注 ……………………………… 16

　1. 银川附近的河道变迁 ……………………… 17

　2. 河套地区的河道变迁 ……………………… 19

　3. 龙门潼关段的河道变迁 …………………… 21

　4. 孟津武陟段的河道变迁 …………………… 26

　5. 战国中期以前的下游河道 ………………… 28

　6. 战国中期到西汉末年的下游河道 ………… 30

　7. 东汉至北宋前期的下游河道 ……………… 33

　8. 北宋后期的下游河道 ……………………… 36

　9. 金人统治时期的下游河道 ………………… 40

　10. 元代至清朝中期的下游河道 …………… 44

　11. 清代中期以后的下游河道 ……………… 52

　12. 下游河道变迁的总体趋势及其成因 …… 56

　13. 下游河道上的分支水道 ………………… 60

三　俟河之清，人寿几何？ ……………… 65

　　1. 黄土地的烙印 ……………………… 65

　　2. 消逝的绿野 ………………………… 71

　　3. 淤塞的湖泊 ………………………… 84

　　4. 湮没的城池 ………………………… 88

　　5. 沉沦的丘冈 ………………………… 93

　　6. 伸展的海岸 ………………………… 94

四　宣房塞兮万福来 ……………………… 103

　　1. 大禹治水的传说与疏、障两种治河方略 …… 105

　　2. 瓠子决口的堵塞与堵口技术的发展 …… 113

　　3. 贾让的治河三策与独流、分流两派 …… 121

　　4. 王景治河与堤防修护制度的完善 ……… 126

　　5. 东流、北流之争与改河问题 …………… 138

　　6. 潘季驯"束水攻沙"与治沙派 ………… 146

　　7. 胡定的"汰沙澄源"方案与全河派 ……… 148

五　直是万顷黄金钱 ……………………… 151

　　1. 水利灌溉工程与黄河流域的经济发展 ……… 153

　　2. 漕运系统与国都的繁荣 ………………… 159

后　记 ………………………………………… 166

引 言

我站在高山之巅，

望黄河滚滚，

奔向东南。

金涛澎湃，

掀起万丈狂澜；

独流婉转，

结成九曲连环。

从昆仑山下奔向黄海之边，

把中原大地劈成南北两面。

…………

这首气势磅礴的豪迈诗篇，抒发了千百万炎黄子孙对黄河这条中华民族母亲河的炽热情怀。在这条大河上下，孕育了我们伟大的民族和文明。伴随着它奔腾不息的洪流，我们中华民族走过了悠长的历史岁月。

摊开中国地图便可以看到，黄河像一条长带，曲折萦回，由西向东贯穿中国北部。

地理学家按照地势的高低，把中国比作三级阶梯。

最高的一级阶梯是谓之世界屋脊的青藏高原。由青藏高原向东，地势呈梯状陡降，依次递降到第二、第三两级阶梯。在北方，第二级阶梯的东界是太行山、崤山、熊耳山一线。此线以东，是最低一级的黄河下游冲积平原。（见图1）

黄河从青藏高原上的青海省境内流出后，顺着这阶梯形的地势拾级而下，依次流过四川、甘肃、宁夏、内蒙古、山西、陕西、河南7个省区，最后进入山东省境内，流向渤海，总流程5464公里，整个流域面积75.2万多平方公里。按干流长度计算，它是我国第二大河流，在世界上也名列前茅。

5000多公里长的黄河，就像一条长龙，滚动在中国的北部。在这条长龙的不同部位，有着不同的特性，变化多端。

根据黄河的水文特性，地理学家把黄河干流划分成了上游、中游和下游3个大的河段。

从黄河源头到内蒙古托克托县河口镇为黄河的上游，河道长3400多公里。上游河段又可以划分成几个次级的河段。其中龙羊峡以上河段，流经于青藏高原之上，天寒地冻，水分蒸发渗漏损耗极少。由龙羊峡到青铜峡河段，峡谷和川地呈串珠状相间分布，峡深川广，河道忽而展宽，忽而狭束，变化明显。由青铜峡到河口镇一段，河床平缓，两岸有大片的带状冲积平原，著名的银川平原和河套平原都在这一段上。

黄河的中游河段是从河口镇到河南郑州桃花峪，流程1200多公里。从河口镇到禹门口（即龙门所在），

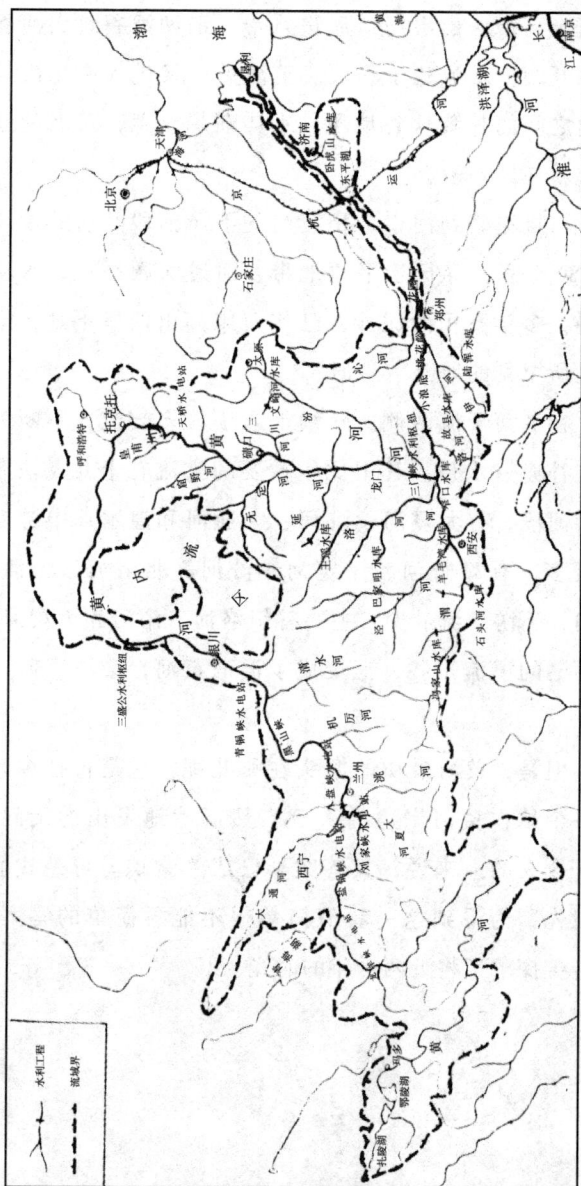

图 1　黄河流域图

黄河穿行于险峻的峡谷之间，水深流急，两岸是著名的黄土高原。出禹门口后进入汾、渭两河谷地，河面骤然开阔，水流趋于平缓。至潼关后又进入中条山与崤山之间的丘陵峡谷地段，水势渐趋湍急，著名的三门峡就在这一段上。

从桃花峪到河口，是黄河的下游河段。这一段长约780公里，穿行于平原地带，河道宽阔平坦，水流缓慢，多年淤积的泥沙，已使河床高出两岸平地，成为世所罕见的地上"悬河"。

在黄河干流两侧，陆续汇入了许多支流，不断为干流补充着水量。其中比较重要的支流有十几条。在上游河段，有大夏河、洮河、大通河和湟水；中游支流最多，有窟野河、无定河、汾河、北洛河、泾河、渭河；下游支流最少，主要有伊洛河、沁河和大汶河。数不清的溪流川谷，汇聚成了滔滔黄河，滚滚奔向大海。

但是，黄河最初的源头在哪儿呢？这是古往今来每一个站在黄河岸边的人都自然而然地发出的疑问。对于今天的人来说，其答案早已成为常识。可是我们的祖先，为得到这一看似简单得不能再简单的答案，却苦苦探求了将近两千年的时光。

一　河源的探索

　　唐朝的大诗人李白在《将进酒》这篇著名诗章中曾经写道：

　　　　君不见，
　　　　黄河之水天上来，
　　　　奔流到海不复回。

　　诗句固然写得十分豪放，但他对于黄河水源的描写则完全是文学的夸张。黄河里的水当然不是从天上流下来的，只是人们当时确实搞不清楚河源是在哪里，诗人可以有充分的余地去驰骋他的艺术想象。

　　直到有文字记载的殷商时期，华夏文明的核心区域是在黄河中下游地区，谈不上认识黄河的源头问题。到了春秋战国时期，秦国的西部边界已经扩展到了青藏高原边缘的黄河上游支流洮水（今洮河）流域，并且与居住在青藏高原上的羌人有了较多的交往，从而对黄河的上源有了一些了解。《山海经》和《禹贡》是这一时期产生的两部重要地理著作，其中都记述了当时所认识的河源。《山海经》说，黄河源自昆仑山；《禹贡》说，河源出自积石山。关于昆仑山和积石山到底是指现在的哪一座山，却一直有许多互不相同的看法。大致看来，应当是指今青海省东部黄河大转弯处的一些山脉。显然，这与黄河真正的源头还有相当远的距离。但是，在交通落后、民族隔阂严重的古代社会里，对于一些重大地理事实的认识，常常要经历一段漫长而又曲折的历程。

西汉武帝时，派遣了一位名叫张骞的使节，出使今新疆和中亚地区。这是中原王朝的官方人员第一次通过河西走廊，和西域各地建立了直接的联系，是中西交通史上具有划时代意义的历史性事件。张骞在带回大量西域文化的同时，也向中原朝廷报告了一个错误的地理认识：即生活在今塔里木盆地及其周围地区的西域人普遍认为塔里木河在沙漠中潜流到了地下，然后流向东方，直至积石山下，始重新涌出地面，汇积成黄河。这本来是一个带有传说色彩的推测，可是汉武帝却信以为真，于是对照着古书上黄河源头出于昆仑山的记述，断然指实所谓昆仑山就是塔里木河南面东西走向的巨大山脉。

汉武帝轻率地把昆仑山定在塔里木河源头以后，黄河"重源潜流"这一错误说法成了以后文字的依据。于是谬误被许多人遵奉为真理，一直到清朝末年乃至民国时期，仍然有人笃信不疑。

西晋时期，人们已经了解到黄河上源的星宿海，这比此前模糊不清的"积石山河源说"前进了一大步。

西晋时的一本叫《博物志》的书里记述说：黄河发源于星宿海，刚流出的时候非常清澈，带有红色，后来途经的各条河流汇入后才变得混浊。当时的大学者杜预也写下了与此相似的记载。

东晋至南北朝时期，大批少数民族内迁，青藏高原上河源附近地区的羌族人与内地的交往也增多了。这样，自然地人们又进一步加深了对河源的认识。正是基于这样的认识，隋朝在今青海阿尼玛卿山附近的黄河大转弯处设置了河源郡。虽然当时还没有实地勘察河源，但"河源"这一郡名的设定，说明人们对于黄河源头的了解已渐趋明确。

唐朝初年，由于占据着青海高原的吐谷浑人不断侵扰唐王朝的西部边境，唐太宗在贞观九年（635年）任命著名将领李靖出任"西海道行军大总管"，率领任城王李道宗和兵部尚书侯君集等统带大军前去征讨。远征军连连取胜，追击溃败的吐谷浑人，一直抵达星宿海以西的河源地区，中途还经过了黄河上游的扎陵湖（当时称为"柏海"）。史书上记载说，李靖一行人在星宿海附近观看了黄河的源头。这是来自中原的人第一次亲身察看黄河真正的源头。尽管限于战事，李靖等人不可能更进一步地考察，但这次行动却为后人进一步认识河源奠定了重要的基础。（见图2）

李靖西征之后不久，在贞观十五年（641年），发生了著名的文成公主入藏事件。文成公主入藏嫁给吐蕃王松赞干布，松赞干布亲自率领部属"亲迎于河源"。180年以后的唐穆宗长庆元年（821年），朝廷派

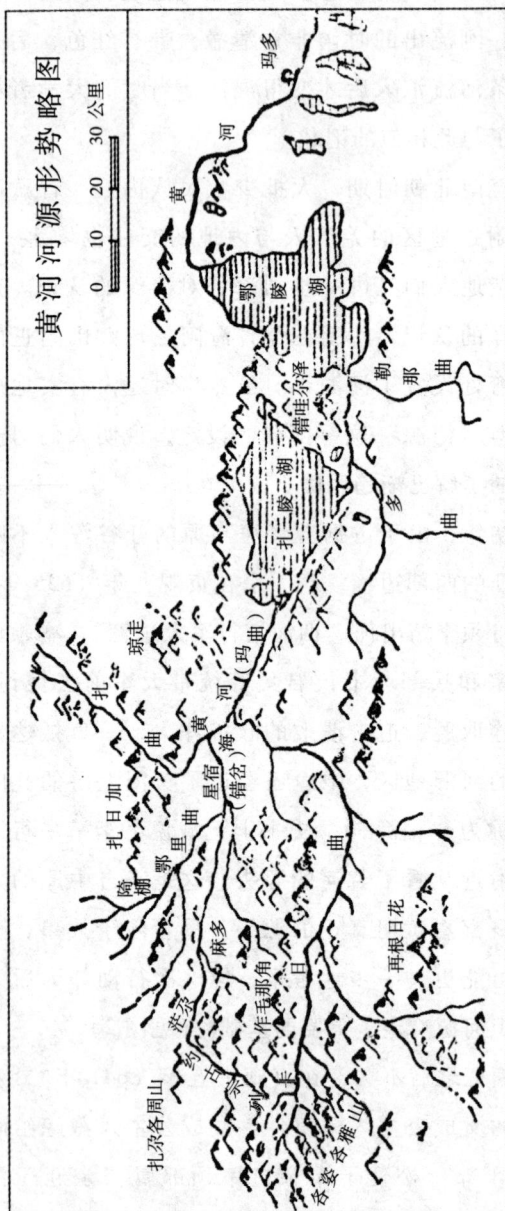

图 2　黄河河源形势略图

大理卿刘元鼎做会盟使，出使吐蕃。历史文献中对于刘元鼎的出行路线，有比较具体的记载，其中提到在这条驿道的西侧，有一座叫做"紫山"的山峰，黄河在山间发源流出后，颜色逐渐由清变赤。而卡日曲在藏语里就是红铜色河的意思。因此唐朝人所指认的河源，应当就是现在所确定的黄河正源卡日曲。而所谓"紫山"，刘元鼎说当地人又称为"闷摩黎山"，实际上也就是现在的巴颜喀拉山。

元世祖至元十七年（1280年），由朝廷出面组织，进行了我国历史上的第一次河源勘察活动。这次带有科学色彩的地理探索活动，其直接起因却是元世祖想要开发黄河航运，从上游源头地区起航，把青藏高原上的各种番货直接装船运到京城里来。为了做到这一点，当然需要首先搞清黄河上源的水道。

当时，由朝廷组织的实际是一支"河源考察队"，这支"考察队"的队长是荣禄公都实，正式官职叫"招讨使"。都实率领着一班人马，身上佩带着朝廷颁赐的金虎符（凭借着它可以在沿途得到各种供应），用了4个月的时间，从京城走到了河源，同年冬返回朝廷，详细地汇报了沿河的城邑和驿舍。遗憾的是都实本人没有写下任何关于这次前所未有的考察活动的著述。幸好有一个叫做潘昂霄的翰林侍读，从都实的弟弟、翰林学士阔阔出那里听到都实的事迹后，仔细询问了河源的地理状况，写下《河源志》一书，记录了这次考察的结果（据原文改写为白话）：

黄河的源头在吐蕃朵甘思（地名，指今巴颜喀拉山附近地区）西边，有100多汪泉水，有的呈喷泉状，有的看上去就是一片水洼。水面沮洳（音 rù）散漫，散布在方圆七八十里的地面上，而且是容易陷没人的泥沼，无法承负行人，不能近前查看。走到旁边的高山上向下俯瞰，水泊像一排排星辰一样闪闪发光，所以把它叫做火敦脑儿。火敦，翻译过来就是"星宿"。一条条河流奔流汇聚，流过将近50华里，汇聚成两大湖泊，名为阿剌脑儿（即扎陵、鄂陵二湖）。

这段文字，已经把黄河源头星宿海地区的地理景观细致入微地刻画出来。美中不足的是都实一行只走到星宿海边，没有能再进一步上溯黄河最初的本源。当然，这很可能与其最初的考察动机有关，因为从星宿海再向上，不可能开通航运，没有继续探查的必要。

就在都实等人勘查河源的同一时期，当时的大地理学家朱思本得到了一部用梵文撰著的地理书籍，把它译成了汉文。这部书中所记述的河源，已上溯到星宿海西南一百多华里以外。文中记述说（据原文改写为白话）：

水流从地下涌出，像水井一样。

这样的泉水有一百多处，向东北流过一百多华里，汇聚成一个大泽，叫做火墩脑儿。

与实际地理状况相对照，在星宿海以上，黄河共有3支上源，其中只有现在被定为正源的卡日曲符合上述由西南向东北流的流向和一百多华里长的流程，因此，梵文书籍中所记述的河源只能是指卡日曲。朱思本的译著与都实等人的实地探查活动相得益彰，使中原人第一次全面、具体而又系统地了解到河源的实际状况。因此，元代可以说是河源认识史上的一个划时代的阶段。

元代以后，明、清两朝都有人先后考察或经历过河源，而所得到的认识却再也没有超过唐朝和元朝人已有的知识。相反，有时还产生了严重的倒退。

河源认识史上的一个倒退是清朝人曾错误地否定了卡日曲为黄河正源的看法，提出应以黄河3条上源中的另一条河流阿尔坦河（即今约古宗列曲）作为黄河的正源。这一说法因被写入了著名学者齐召南的《水道提纲》一书而产生了很大影响。虽然紧接着在乾隆四十七年（1782年）进行的一次河源探查时就否定了这种错误看法，恢复了卡日曲的正源地位，但是到中华人民共和国成立后的1952年重新勘查河源时，还是重蹈了这一谬误，把约古宗列曲列为黄河的正源，直到1978年经过认真地考察和论证，才又把这一错误彻底纠正过来。

清代在河源认识上的第二个倒退是重源说再度抬头，取得了支配地位。唐代中期的杜佑在《通典》这部书中最早对重源说发出了挑战；元代撰写《河源志》的潘昂霄则进一步明确指出塔里木河水系的河流都已渗漏到沙漠之中，并没有潜流重出的可能。清朝政府组织人多次考察过黄河源，对于黄河正源的确定并没有取得新的进展。乾隆年间编纂的《钦定河源纪略》一书中，以皇帝御定的形式，进一步强化了重源潜出之说。在民间，比较有代表性的一些学者，譬如清末的陶保廉，在地理学方面本来是颇有一些贡献的，可是在河源问题上，他却仍旧拘泥于重源潜流之说。这种状况反映出，终清朝一代，黄河重源说始终没有被戳穿。

进入民国以后，随着各种西方现代科学知识特别是地理学思想的传入，人们才逐渐认识到黄河重源说纯属无稽之谈，从而最终抛弃了这一荒谬的传说。

从清朝末年开始，先后有许多外国探险家纷纷来到中国，从事河源的探查。其中较早踏上青藏高原的是印度测量局派遣的班智达阿喀（Pundit A-K）。他在1879年10月穿过唐古拉山口进入青海，沿今青藏公路经沱沱河沿、昆仑山口到达格尔木，后又越过金山口到酒泉，第二年8月南返，行经河源地区。

1884年5月，俄国人普尔热瓦斯基穿越布尔汗布达山到达星宿海东口，南行到通天河，6月返回，途经扎陵、鄂陵两湖南岸，北上巴隆。

1900年，俄国人科兹洛夫率领探险队经过鄂陵、扎陵两湖南下昌都，1901年又经过两湖地区向北折返。科兹洛夫和他的探险队成员卡兹纳科夫测绘了两湖沿岸部分地区，并且在他的旅行记中对这一地区的自然景观和动、植物情况做了具体的描述。这是河源地区较早的近代科学探查记录。

德国人台飞（A. Tafel）在 1906~1907 年间到过黄河上源之一约古宗列曲的源头，并绘制了《黄河源区图》，但是他也没有勘察过正源卡日曲。

西方学者的探险和勘察工作，虽然没有取得多少富有价值的成果，但对促进中国学者的河源勘察工作，还是具有一定积极意义的。在 30 年代，国内先后有熊永先、曾世英、李承三、罗文柏、严德一、沈汝生等科学工作者赴河源地区考察。由于当时社会条件的限制，他们都没有能抵达黄河上源，完成现代科学意义上的河源勘察工作。

1949 年中华人民共和国成立以后，我国科学工作者才有可能对河源地区进行深入系统的考察。其中规模最大的有两次，一次在 1952 年，另一次在 1978 年。

1952 年 8 月，中央有关部门组织了一支由 60 多人组成的黄河河源查勘队。考察队在黄河源区查勘了 4 个多月，行程 5000 公里，搜集了丰富的资料。然而，由于种种原因，这次有组织的正规科学考察，并没有能得出与之相应的科学结论。考察队不仅错误地把发源于雅合拉达合泽山以东的约古宗列曲定为黄河的正源，而且还错误地把黄河源区的扎陵湖和鄂陵湖名称互相颠倒，把扎陵湖在西（上游）、鄂陵湖在东（下游），错定为鄂陵湖在西、扎陵湖在东。致使以后的 20 多年间，我国出版的各种地图和教科书基本上都沿袭了这种错误的说法。

这种东西对调，当时就引起了许多学者的反对，有关专家纷纷发表文章，尤其着重从历史渊源上来论证卡日曲应为黄河正源，鄂陵、扎陵两湖的名称也应遵从历史习惯重新掉换回来。为彻底查清河源问题，青海省人民政府在 1978 年又一次组织了由 21 人组成的考察队，其中包括历史、地理、测绘等许多学科的专家。在充分查阅历史记载和各种文献资料的基础上，利用 1 个多月的时间，全面考察了黄河的几条上源和鄂陵、扎陵两湖地区。

在星宿海以上，黄河共有 3 条上源，即南源卡日曲、中源约古宗列曲和北源扎曲。由前文所述可知，从唐代起到元代，人们就一直以卡日曲为正源。清代一度出现过歧说，改定约古宗列曲为正源。

通过 1978 年的考察，已经基本探查清楚黄河几条上源和扎陵、鄂陵两湖的主要地理特征，尤其是其水文特性。在这一基础上，有关专家综合考虑如下各项因素，比较卡日曲与约古宗列曲的情况（扎日曲因流程过短，可以首先排除在黄河正源之外），重新审定了黄河的源头：

（1）从河流长度上来看，卡日曲比约古宗列曲长出约 25 公里。

（2）从河水流量上来看，卡日曲的流量比约古宗列曲大 1 倍以上。

（3）从源头的水势来看，在同一时期内卡日曲源头的泉水比较旺盛，在干旱年份也常流不断；而约古宗列曲则泉水细微，河床中可以见到多处断流。

（4）从流域面积上来看，卡日曲为 3126 平方公里，约古宗列曲为 2372 平方公里。卡日曲的流域面积比约古宗列曲大 700 多平方公里。

（5）从历史渊源上来看，如前所述，从唐代开始，经历元、明、清几朝，绝大多数时期当地及中原居民都是以卡日曲为黄河正源，而以约古宗列曲为正源则仅限于清朝很短的一段时期内，而且这还仅仅是官方的主张。

综合上述几方面的情况，显然卡日曲更有资格成为黄河的正源。

根据这次考察和研究的结果，国家正式批准，把卡日曲更定为黄河正源，同时也依据历史沿革和当地实际习惯，把 1952 年弄颠倒了的扎陵、鄂陵两湖名称重新改正回来。

这次审定黄河源，绝不只是单纯地重新确认了历代已有的成见，而是第一次在全面了解河源区地理状况的基础上科学地认识了河源，李太白"黄河之水天上来"的疑问，这时才有了切实可信的答案。

二 九地黄流乱注

"底事昆仑倾砥柱，九地黄流乱注？"这是南宋初著名词人张元幹《贺新郎·送胡邦衡待制赴》中的名句，他用溃决改徙冲荡中原大地的黄河水，来比喻金人南侵所造成的巨大灾难。事实上，由于黄河是一条河道变迁无常的河流，河道迁改所带来的灾祸也是不亚于战争的。

历史上，黄河干流河道的变迁，主要发生在下游。但是在上游的银川平原和河套平原，中游的禹门口至潼关段、孟津至武陟段，河道都有过较大幅度的摆动，但与下游河道频繁迁徙改道相比，影响的范围则显得微不足道了。

黄河一向以"善决、善徙"而著称，它决徙的地点绝大多数都发生在下游。据历史文献记载，在中华人民共和国成立前将近三千年的时间内，黄河下游决口泛滥 1500 多次，较大的改道有二三十次，其中特别重大的改道共发生过 6 次。河道摆动的范围，遍及整个黄淮平原，北抵海河，南到淮河，有时甚至波及淮河南岸的苏北地区，在这片方圆 25 万平方公里的大地上，处处都留下了这条黄龙振荡的痕迹。张元干词中"九地黄流乱注"的句子，正是对这种景况的写照。

银川附近的河道变迁

在黄河干流上游，只有银川平原和河套平原这两个河段摆动比较明显。这是由于黄河上游大多流经高山峡谷之中，河床稳定，不容易发生改变；而流出青铜峡进入银川平原和河套平原以后，地势豁然开阔，两岸坦荡无阻，河道平缓，流速也随之降低，泥沙很容易沉积下来，这样就很容易促使河道发生变化。

银川平原是一块开发历史十分悠久的沃土，早在西汉时代，人们就在这片平原上开沟凿渠，分引黄河水进行灌溉，后来逐渐形成了纵横交织的灌溉网络，并因此而博得了"塞上江南"的美誉。

无论是黄河的干道，还是分引出来的支渠，河渠两岸的土质都十分疏松。每当汛期来临之际，河满渠溢，年深日久，两岸的土地屡遭冲刷，就出现了严重的崩塌现象。情况严重时，就会出现黄河主溜摆动或袭夺支渠而改徙河道的局面。因而，这一段河道在历史上经常出现干流东西移徙摆动的现象，严重地影响了当地人民的生产和生活。

"灵州"的"消失"，是这一段河道变迁中最典型的一个事例。北魏时代的薄骨律镇，是当时的一个相当重要的军事重镇，设在现在的宁夏灵武县西南12华里外的古黄河河心洲上。薄骨律镇后来改名为灵州，就是因为这块沙洲不管有多大洪水，从来没有被淹没过，它总是随着水势的消长而缩小或增大，仿佛有神灵护持一样。可是到了唐代，灵州城就紧靠黄河东岸边了，已不再是河中沙洲，这说明沙洲已经与东边的河岸相连接，黄河的主溜向西移去。到了明代，情况重又发生逆转，黄河出青铜峡后，直趋而东。洪武十七年（1384年），黄河直冲灵州城，墙倒城毁，不得已只好在旧城以北7华里之外重建新城。明宣宗宣德三年（1428年），黄河东岸又一次发生崩塌，河道再度东移，灵州城不得不再一次迁走重建。明熹宗天启二年（1622年），黄河又在这一带决口，河道大有进一步东移的趋势，幸亏当地官员张九德组织人力修筑石堤，用丁字坝挑流与顺坝护岸相结合的办法，使主溜回归故道，遏制住了东移的态势。可是到了顺治初年，河道又一次东移，直冲灵州城下，这次没再强行堵截，而是采取在河西岸挑沟挖渠的办法来分杀水势。结果这一回不但保住了灵州城，还把河道引向西徙。到了乾隆年间，已西去灵州城二三十华里。后来黄河又转而东侵，但很快就又向西摆动。至近代以来，才基本稳定在以现有河床为主道的范围内。

灵武附近这一段河道位于银川平原的南部，平原中部和北部的河道也经常发生改变，而且北部的黄河河道至今仍在移动。

在宁夏惠农县东南约10华里处的黄河西岸，有个叫做省嵬的地方，这里东距黄河岸边15华里左右。历史文献记载，在西夏时期，这里建有一座省嵬城，在黄河东岸；但到了乾隆年间，省嵬城却由黄河东岸变成为西岸。城址本身并没有迁移，这是黄河河道由西向东移徙很远所致。惠农县南面的平罗县城也在黄河西岸，根据明、清以及民国各个时期当地方志的记载，平罗县城与黄河岸的距离，明末时为 15 华里，近三百年后的民国初年就变成了 30 华里，也说明这一段河道在清代曾大幅度东移。这种东移的趋势，直到今天仍在缓慢地持续着。

②　河套地区的河道变迁

黄河从宁夏流入内蒙古以后，在磴口镇以上，河道比较稳定，古今没有明显变化。而流出磴口以后，因为进入了地势坦荡的河套平原，河道干流又经常发生变化。

早在清代末年，就有人在磴口附近发现了长达 30 余华里的古黄河堤岸。至 1963 年，北京大学侯仁之教授率领考察队在这里又发现了 3 条古河道的遗迹。在磴口东北面的黄河西岸，有个叫布隆淖的地方。由布隆淖向西，依次排列着三条南北向的古河道：第一道在布隆淖以西约 5 公里处，由此向西 15 公里为第二道，再向西 10 公里为第三道。这些遗迹反映出黄河河道在历史上曾不断向东移徙，而且直到目前为止，这一段黄河河道仍在继续东移，每年一到洪水季节，黄河东岸不断崩塌，西岸的滩地则相应的逐渐伸展。

在发现上述 3 条古河道的同时，还在最靠东侧的一条古河道东侧，即布隆淖的附近，发现了西汉朔方郡临戎县城遗址。根据6世纪以前的文献记载，古黄河流经西汉临戎县城以西，然后又向北流，再折而东去，到今乌梁素海一带又折向南流，这一段河道大致相当于今乌加河。当时将其称之为河水、大河，是黄河的主干道，而现在的黄河河道当时只是一条岔流。根据这两条河道的相对位置关系，人们称北面的黄河主干为北河，而把南面的岔流叫做南河。后来这两条河道虽然也有过摆动，但北河为正流、南河为岔流的基本情况却长期没有改变。

到了清代初年，情况开始发生了转变。在康熙年间实测的《皇舆全图》上，黄河自磴口而北初分为东西两派，以东派为正流。两派会合之后，转向东流，又分成了北中南3派，不分主次，东流至乌拉特旗之西合而为一。到了乾隆年间重新绘制《内府舆图》时，南派已渐趋为主流。乾隆以后，南派最终独擅有黄河之名，说明黄河干流已完全转移到南面一派中来。

道光、咸丰年间以来，随着蒙古旗地的逐渐开垦，先后开挖了许多灌溉渠道。这些渠道都顺着地势作西南—东北流向，渠首起自黄河，而以北派旧河道作为尾闾。旧日的支流，都被人工渠道所代替，北派黄河的旧道则被用作灌溉干渠退水的总通道。当地的蒙古族人称这条黄河故道为"乌加河"，译成汉语就是"红色的老黄河"。20世纪60年代中期，随着灌区的规划和改建，乌加河又被改造为总排干沟道。

河套地区的黄河河道变迁，从总的趋势来看，应该是河道的"裁弯取直"过程。所谓"裁弯取直"，是指河道弯曲发育到一定程度后，河流往往发生改道，在呈弓状弯曲的河道上，像弓弦一样直接贯通弓腰的两端。河套地区黄河河道的变化，一次比一次切近弯道的内侧、河道的长度一次比一次缩短，完全符合上述特征。河流发生裁弯取直以后，在遗弃的旧河道上，常常会形成一些湖泊，在水文学上称之为"牛轭湖"。河套地区的黄河河道在裁弯取直之后，也留下了一些这样的湖泊，其中比较著名的有现在仍存的乌梁素海和久已消失了的屠申泽。

乌梁素海是北河主流改走南河以后，在北河河道南转处留下的牛轭湖，现在仍是河套地区最大的湖泊。屠申泽位于今太阳庙一带，处于黄河由北流转向东流的大转弯处。北魏时期的地理名著《水经注》中记载了这个湖泊，说它是由黄河向西漫溢形成的湖泊。事实上只要我们了解了这一地区河道演变的历史，联系到在布隆淖西面 20 和 30 公里之外，还存在过两条黄河古道，就可以清楚，屠申泽本应该是这两条古河道向北流所要经过的地方，所以它只能是黄河河道东移后所留下的牛轭湖。屠申泽一直延续到清代，清人改称为"腾格里鄂模"。据 1960 年代调查，在 1950 年以前，当地还残存有小片湖泊，以后就逐渐干涸了。

⚡ 龙门潼关段的河道变迁

黄河自龙门涌出山西、陕西两省之间的峡谷地段后，河面骤然展宽，临猗县吴王渡至潼关一段河道，左右分别为涑河和洛河、渭河下游谷地，地势更为开阔。历史上黄河在这里经常左右摆动，给沿岸居民带来了深重的灾难。明代有一首民谣，用"鬼无墓，人无庐，百万田产了无余"这样的形象说法，描摹了黄河移徙所造成的惨淡景象。

近代水文资料表明，黄河向西移徙，往往要袭夺洛河下游再与渭河相会，这样洛河就直接向东流入黄河；黄河向东偏移之后，洛河就要重新归入渭河。因而，了解了黄河、洛河、渭河三条河流交汇关系的历史变迁过程，就可以掌握这段黄河河道移徙变化的基本情况。

春秋战国时代，洛河汇入渭河，这在《禹贡》和《山海经》等地理名著中都有清楚的记载，说明这一段黄河河道位置偏东，与现在的情况相近似。

大约在秦末汉初的时候，黄河开始向西摆动。汉武帝时河东太守番系在这一带黄河东岸的河滩上开垦了5000多顷耕地，说明当时黄河河道已向西摆动了不少，不然不可能有这么多弃置的滩地可垦。番系当时还开挖了一些渠道，引用黄河水来灌溉这些田地。可是没过几年，黄河就又进一步西移，渠道无法引水，已开垦出的滩地也随之废弃。

西汉中后期以后，黄河重又东移，因此在《汉书》的《地理志》中留下了洛河汇入渭河的记载。直到北魏时的地理名著《水经注》中，仍然记述洛河注入渭河，说明从西汉到北魏，这段黄河河道基本稳定在偏东的位置，没有向西大幅度摆动。

隋代初年，黄河又一次西移。隋文帝开皇四年（584年），在渭河南岸开挖漕渠，用以运载从江南和黄河下游地区运来的粮食及其他物资。漕渠的西端在长安城附近，东端则与黄河相连接。由于潼关附近地势较高，如果黄河河道像现在一样偏东的话，漕渠是根本无法与黄河相贯通的。因此，当时黄河肯定已经向西移动，并且需要袭夺洛河下游河道，才能与漕渠的尾闾相连接。事实上，这也是这一段黄河西徙所能到达的最大极限。西移的河道，冲毁了河西的大片良田，但同时也在东岸留下了许多肥沃的河流冲积地。北周武帝保定二年（562年），又一次在河东的蒲州开挖引黄渠道，灌溉河畔新生的田地，说明在隋朝建立之前，黄河就已经大幅度西移。

周、隋之际西移的黄河河道，没有能持续太久。隋代末年，李渊从太原向长安进军，途经这一带时见到洛河已经注入渭河，说明黄河已向东摆回。整个唐代，洛河一直是汇入渭河，反映出黄河河道基本上稳定在偏东的位置上。

北宋初年，黄河河道仍旧偏东，洛河注入渭河。但是在仁宗庆历年间（1041～1048年）以前，黄河就已数度西溢，侵浸到西岸的朝邑，依赖年年缮修黄河西堤，强行护持，勉强维持旧道。到了北宋后期，黄河终于冲溃西岸的河堤，直冲到洛河的末端，袭夺其河道南下，再与渭河相会。现存的几幅宋代石刻地图，反映了这一变迁发生的大致时间。

在这几幅传世石刻地图中，只有元符三年（1100年）刊刻的镇江《禹迹图》标绘洛河注入渭河，说明在这以前，黄河的位置还是比较偏东。21年以后的宣和三年（1121年），在四川荣县的文庙里又刊刻了一幅题为《九域守令图》的地图。饶有趣味的是在这幅图上，洛河下游刻有两条河道，一条入黄河，另一条入渭河。联系到后来河道发生的变化，只能解释为初刻地图时洛河本注入渭河，后来黄河河道西移，袭夺洛河，洛河这才直接注入黄河，后人根据这种变化后的情况，改刻此图，添注上注入黄河的洛河河道。如果这种推论不误，那么洛河直接注入黄河，也就是黄河大幅度西移，只能发生在宣和三年以后。在15年后刊刻在石上的西安《禹迹图》和《华夷图》上，洛河都已是直接注入黄河，证明了在宣和三年以后不久，就发生了这次黄河的大幅度西徙。

南宋时期这一段黄河河道一直稳定在原洛河下游河道上，位置偏西。对此，当时的一些著名学者，譬如朱熹、王应麟等都有明确的叙述。这种状态一直持续到元代的后期，长期没有改变。元代前期骆天骧编纂的《类编长安志》和元代后期李好文编纂的《长安志图》，都标绘洛河注入黄河，与西安《禹迹图》等完全一模一样，说明北宋宣和三年（1121年）以后黄河西移以来，情况基本没有改变。

大约在元末明初之际，黄河河道重又摆向东侧，洛河又注入渭河。但是到了明成化年间（1465～1487年），黄河又向西摆动，在还没有摆到洛河下游时，就因两条河道相距太近，致使洛河冲溃东岸，决水黄河。在这以后，黄河仍继续向西摆动。隆庆三年（1569年），黄河向西岸泛溢；万历六年（1578年）又冲溃西岸的大庆关，进一步西移。万历十二年（1584年）终于侵及整个洛河故道，摆到了西移的极限位置。

清代大部分时间内黄河都偏靠西侧，洛河直接汇入黄河。其间只在康熙年间曾一度东移，但很快就又移回西侧。道光年间，曾有人在黄河东岸挑挖引河，企图诱使河道东移，但是未能取得预想的结果。光绪二年（1876年），洛河曾一度转向西南，决入渭河。但新的河道距旧日的洛河河道也就是当时的黄河河道仅有数十丈距离，只能依赖黄河西岸的永安堤来阻遏黄河的西侵，显然不可能维持长久。果然，至光绪三十年（1904年）前后，黄河就又进一步西移，重与洛河相汇。

进入民国以后，黄河仍在西侧稳定了较长时间。1928年以后，河道开始逐渐东移，1932年改道直下潼关，洛河也随之改入黄河。此后直到1960年代，这段黄河河道又发生过多次小幅度摆动，仍然很不稳定。

纵观春秋战国以来这一段河道的变迁过程，正符合俗语所说的"三十年河东，三十年河西"这句话，但是这来回动荡往复的黄河河道也有一定的规律可循。总的看来，黄河居东、洛河入渭的时间，要比黄河西摆、洛河直接汇入黄河的时间长出一倍左右。因此，设法维持目前的黄河河道是比较适宜的。同时，在这一带进行经济规划时，必须慎重考虑黄河西徙的潜在可能性。

4 孟津武陟段的河道变迁

从三门峡到孟津，黄河穿行于丘陵山地之间，河道狭束，稳定而不易发生改变。到孟津后流出山地，河面骤然展宽，流速减缓，泥沙大量淤积下来，加之两岸平缓，没有阻遏，所以河道很容易发生改变。从孟津到武陟，这一段河道在历史上也有过比较频繁的摆动，这主要表现为孟县以南河岸与沙洲的变迁以及洛口的变动。

今孟县南偏西约9公里处的花园渡，大致相当于古代著名的黄河渡口孟津。周武王曾经在这里大会各路诸侯，渡过黄河，一举灭掉殷商。从那时起，直到五代，在这个渡口上发生了无数争战，是兵家必争的战略要地。因为在唐代以前，这一段河道比较稳定，河面也比较窄，河道中间又突起一块水中沙洲，因而成为洛阳附近最便于渡河的地点。

西晋初年，开始在这里架设桥梁。北魏在北岸筑城戍守，称为北中城；东魏又在河中沙洲上修筑了一座中潬城，在南岸上修了一座南城，名为河阳城；这三座城被合称为河阳三城，三城之间有桥梁相连接。从唐初到北宋中叶，虽有一些河水漫溢冲毁河阳城、河阳桥、中潬城的记载，但两桥联系三城的建置始终没有改变，可见南北两城迫近河滨、黄河分绕河中沙洲的基本态势也没有改变。

到了北宋末年，沙洲北侧一股河道淤淀已很严重，水流不再能够通行。政和七年（1117 年），朝廷开浚北股河道，试图恢复南北分流的旧状。没想到开通北股河道后，水势湍猛，第二年就侵吞了许多民田，河道迫近北岸的孟州城（即北魏修筑的北中城），为此不得不在北岸采取防护措施。这反映出这一段河道已难以继续维持沿袭许久的稳定状态了。

到了金大定年间（1161～1189 年），河北岸的孟州城被北溢的河水冲毁，只好在距河岸 18 华里外的地方另建新城（这个地方就是现在的孟县城），把州治迁移过来，人称"上孟州"，而原来的旧城则被称作"下孟州"。

金元以来，孟县以南的这一段河道又不知几经摆动，从孟津到河阳三城的古迹也就消失得全无踪影了。最近几十年来，这一段河道仍在向南摆动，因此孟县城南有一片宽达 10 余里的河滩地，没有村落，只有新设的农场。

洛河汇入黄河的河口，也可以反映出这一段河道的摆动情况。据先秦文献记载，洛河在今河南荥阳县汜水镇西侧的成皋西面汇入黄河。而汉唐文献则记载洛河在巩县境内注入黄河。这说明先秦时期这一段黄河主溜偏北，所以洛河会下延到汜水以西注入黄河；汉唐时期黄河主溜偏南，于是洛河流到巩县一带就汇入黄河。

到了北宋中期，黄河主溜又向北摆动。元丰二年（1079 年），在南岸的河滩地上，开挖了一条长 25 公里的人工渠道，分引洛河作为汴河的水源，可见黄河北移后在南岸留下了很宽阔的一片滩地。

到了明代的前期，这一段黄河河道又向南摆动，使得洛河又在巩县以北注入黄河。至嘉靖（1522～1566年）以后，河道重又北移，结果洛河到汜水镇西侧注入黄河。

清代乾隆年间（1736～1795年），洛河在巩县东北界汇入黄河，反映出黄河主溜又趋南岸。近几十年内洛口又常常东西摆动，说明这一段黄河河道仍在南北游荡，并且还将继续移徙不定。

5 战国中期以前的下游河道

黄河流过郑州桃花峪进入下游河段以后，像所有平原地带的大河下游一样，在自然状态下本来是频繁改道，四处漫流的。进入人类历史时期，直到战国中期以前，还基本保持着这种自然的状态。在这几千年时间里，黄河下游河道基本上是流经今河北平原（包括豫北、冀南、冀中和鲁西北），在渤海西岸入海。

在这种自然状态下，一到汛期，河水就要漫溢泛滥，每隔一定时期，又要改道他行。因而从新石器时代以至商周春秋时代，在河北平原的中部一直存在着一片宽阔的聚落空白区。在这一大片土地上，既没有这些时期的文化遗址，也没有任何见于可信的历史记载的城邑聚落。这一现象充分说明了当时黄河下游经常在这一地区内漫溢泛滥，并且频频改道，以致人类根本不可能在这里长期定居下来。

由于改道过于频繁，当时的黄河下游河道，应当已经布满整个河北平原，只是因为在战国筑堤以前，这里基本上是一片旷无人烟的空地，黄河的决溢改道，对人们的生活没有多大影响，所以很少留下明确的记载。现在我们能够比较清楚地了解到的河道共有 3 条，分别见于《山海经》、《禹贡》和《汉书·地理志》的记载。

从桃花峪附近的广武山北麓起，东北流至今浚县西南的古宿胥口，这 3 条河道的流路基本一致。从宿胥口起，《山海经》和《禹贡》中的黄河河道转向北流，经今内黄、魏县、曲周、广宗等地。再向北至今河北深县以后，《山海经》中的黄河继续北流，经安平、蠡县，至容城后折向东流，经霸县在天津市附近入海；《禹贡》中的黄河则由深县附近东转，流向东北方，在今沧州以北入海。《汉书·地理志》中的黄河河道，是从宿胥口向东北流，至今濮阳县西南的长寿津，折而北流，经清丰、元城附近，至今馆陶县东北，东折经高唐县南，北折至东光县西，再折而东北流，至今黄骅县东入海。（见图 3）

除了上述 3 条黄河故道之外，河北平原还有一些河流，在《汉书·地理志》和《水经》等书里被称做某某河（譬如现在仍沿用旧名的滹沱河、巨马河、漳河等均属此类）。在古代，“河”本来是黄河的专称，这些河流之所以被称为某某“河”，应该是由于它们曾经被黄河或黄河的岔流所袭夺，成了黄河下游故道的一部分。后来黄河虽然已改徙他处，但“河”的称呼却被沿袭到了汉代。这样的“某某河”总共有 10 多条，更进一步透露出河道改徙的频繁状况。

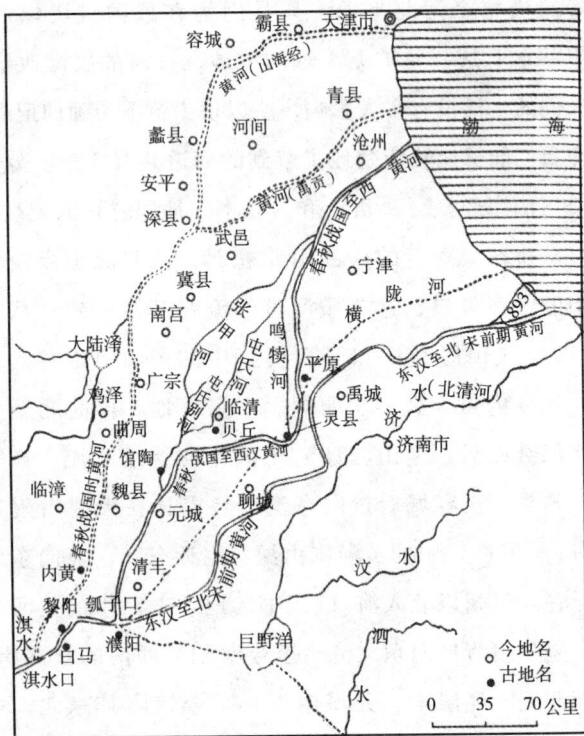

图3　春秋战国至北宋前期黄河主要故道

　　黄河经行上述这些河道的具体年代，都已无从稽
考，各条河道谁先谁后，也无法排列，而且每一条河
道可能都往复更迭地流过不止一次，有的时候则可能
同时存在几条岔道。总之，情况极为复杂，现在只能
了解到如上大致情况。

6　战国中期到西汉末年的下游河道

　　黄河下游从很早就有了小段的河堤，用以保护岸

边的一些居民点。但是这些河堤规模太小，对黄河河道没有产生什么影响。

从战国中期，即公元前 4 世纪中叶开始，出现了绵亘数百里的长堤。当时所筑的堤防在《汉书·地理志》所记述的黄河河道两岸。长堤有力地约束和固定了黄河河道，第一次改变了它原始的自然漫流状态，其他各条河道从此渐趋消失。战国筑堤固定河道，是黄河河道变迁史上的重大事件，因此也可以把它称作河道的第一次重大改变。

通过筑堤改变了黄河下游多股分流、改道频繁的局面以后，河北平原中部因河道游荡而无法居住的广大地区，逐渐得到了开发。进入公元前 3 世纪以后，在这里陆续出现了 10 多个城邑，地理景观已根本改变。

河道经堤防固定以后，泥沙沉积加速，结果到西汉前期即公元前 2 世纪中叶，就开始出现了频繁决溢的记载。

例如在从今河南浚县西南的古淇水口到浚县东北古黎阳县的 70 多华里河段内，河堤高出地面 1~5 丈。这是因为这段河道壅水，致使河道淤积加速，形成了河面高于地面的地上河。这是见于记载的最早的一段地上河。有一次洪水，黎阳附近河面水涨一丈七尺，距堤顶仅剩二尺左右，水面已高出堤外的房屋；淇水口附近有一段黄河河道水面也已高出地面五尺。

又如河道流经古黎阳以后，地势渐趋平缓，流速减弱，成为宽槽河段。战国时黄河下游东岸的齐国和西岸的赵魏两国所修筑的堤防，一般都距离河槽 25 华里，远的甚至数十华里，黄河大溜能够在堤内左右游荡。在河槽两旁、大堤之内，往往会淤出大片肥沃的滩地，天长日久，人们在滩上垦殖居住，形成聚落村邑。这样堤内的居民又逐渐在堤内修了很多民埝来保护田园，远的距水面几华里，近的只有几百步距离。在东郡白马（今滑县南旧滑城）一带和从黎阳到魏郡东北界（今馆陶县东北）的一段黄河大堤内，这样的民埝多至数重，因其相互起挑水作用，形成了无数河弯。结果"一折即冲，冲即成险"，使这一河段成了黄河的险段。

由于河道中存在着许多这样的险段，西汉一代有记载的 9 次决溢，就有 8 次发生在这一带。其中最著名的是汉武帝元光三年（公元前 132 年）黄河在东郡濮阳瓠子口（今濮阳西南）向东南决入巨野泽，再由泗水经淮水入海。这是历史上黄河首次袭夺淮河入海。当时由于丞相田蚡的阻挠，洪水泛滥遍及 16 个郡，历时 20 多年，直到元封二年（公元前 109 年），才把决口堵住。但没过多久又在魏郡馆陶境内向北溃决，冲出一条被称作"屯氏河"的汊道，河床的深度和宽度已与黄河故道完全相等。这条屯氏河向下流到渤海郡东光县（今河北东光）附近才与干流会合。由于屯氏河比降比较大，有利于分杀水势，使得黄河下游水流畅通，河道南岸兖州以南 6 个郡的水患得到了缓解。以后，在屯氏河上又分出了屯氏别河、张甲河等汊道。汉元帝永光五年（公元前 39 年），黄河在清河郡灵县（今山东高唐县南）又溃决形成一条名为鸣犊河的汊

道，分洪达 70 年之久的屯氏河则从此断流。但是，由
于鸣犊口地势低下，排水不畅，分洪作用不大，并不
能像屯氏河那样减缓河水的决溢，所以在此后的三四
十年内，黄河仍不断地在东郡、魏郡等地决溢，造成
多次严重灾害。

东汉至北宋前期的下游河道

　　王莽始建国三年（公元 11 年），黄河在魏郡元城
（今河北大名东）以上决口，河水一直泛滥到清河郡以
东数郡。当时执政的王莽因为黄河决向东流，可以使
他在元城的祖坟免除水患，所以就不主张堵口。水灾
延续了将近 60 年，直到东汉明帝永平十二年（公元 69
年），才动员数十万人工，由王景统领，对下游河道进
行治理，固定了一条新的河道。

　　王莽时的这次决口，造成了黄河历史上的第二次
重大改道。黄河改道后，西汉末年以前的旧河道在相
当长一段时期内仍保持着一定的河形，被人们称之为
"大河故渎"，也有人把它叫做"王莽河"或"王莽故
渎"，这是因为这次改道发生在王莽当政时期。

　　王景整治下游河道，是顺应这次决口后几十年来
冲刷而成的河道的趋势，随着地形的高低，勘测出一
条从荥阳到千乘（今山东高青县东北）海口的新河道。
王景通过疏浚壅塞、裁弯取直、修筑堤防等措施，对
新河道进行了比较全面的整治。此外，他还主持在某
些险工地段的堤防上按一定距离设置减水口门。这样

汛期洪水可以由上一水门泄出，洪峰过后，经过在堤外沉淀的清水，由下一水门归槽。从而起到了减水、滞洪、放淤和清水冲刷的作用，减缓了河床淤积的速度，提高了防洪标准。

从东汉开始到唐代中期的好几百年内，河患大大减少，下游河道一直比较稳定，其主要原因是由于河水含沙量相对有所降低，但王景对河道的积极治理，无疑也对河道的稳定起了重要作用，王景本人也因此而成为治理黄河史上的一位杰出人物。

王景整治固定后的黄河下游河道，是从长寿津（今濮阳县西旺宾一带）自西汉黄河故道中分出，循古漯水河道，经今范县南，在今阳谷县西与古漯水分流，再经今黄河与马颊河之间，至今利津入海。

新成的河道相对比较顺直一些，距海岸的里程也比西汉的河道要短，所以在其形成以后的近六百年间，河道一直比较稳定，历史文献中明确记载的决溢仅有4次，而且灾情也不算严重。

从7世纪中叶即唐代前期开始，黄河下游的决溢又逐渐增多，并且随着时间的推移，愈来愈为频繁。到了唐朝后期，河口段淤高日益严重，因而在今山东商河、惠民、滨县一带的古棣州境内经常发生决溢。唐景福二年（893年），河口段发生了近百里的改道。后来又在东平决出一条赤河，东流入海。到了北宋大中祥符年间（1008～1016年），棣州境内的河面竟然已高出两岸的民房达一丈以上，因而不能不一再决口。可见黄河下游河道的下段，淤塞已经十分严重。

这一时期河患最为集中的地段是滑州（今滑县旧滑城）和澶州（今濮阳）一带。这一河段河床狭隘，是下游河道的窄段。滑州河道两岸土质疏松，河岸容易溃决。王莽时决口改道之初，濮阳以下改走新道，对其上游河道有所冲刷，河患尚不严重。可是到了唐末五代时，河床已逐渐淤高，加之军阀连年混战，经常在本河段内人为地扒开堤岸，以水代兵，既造成了人为的决口，又把河堤搞得七零八落，结果稍一遭遇洪水，迅即决溢成灾。

这一时期内，这一河段的决溢次数占整个下游决溢次数的三分之一左右，决口后所造成的灾情也极为严重。例如后晋开运元年（944年），黄河在滑州决口，一下子淹没了曹、单、濮、郓等几个州，洪水又积聚在梁山周围，把原来的巨野泽扩大成为著名的梁山泊。又如北宋天禧三年（1019年）六月，黄河在滑州城西北的天台山旁决口，随之又在城西的南岸溃决，决口阔七百步，河水流经澶、濮、曹、郓等州注入梁山泊，再向东南注入泗水、淮水，整个受灾面积达32个州县。由于河床临背悬差很大，虽经堵口，第二年重又溃决，造成了更大的灾害。

唐宋两代为了减缓滑州河段的险情，曾经先后3次在滑州城一带的北岸开挖分洪支渠，但是终因人工渠道浅狭，稍一淤塞，正溜就又转趋南岸，未能取得预期的效果。

滑州天台山决口不久，天圣六年（1028年），黄河又在澶州王楚埽（今濮阳西王助）决口。景祐元年

（1034 年），又在澶州横垅埽（今濮阳东）北岸决口，形成了一条新的河道，名为横陇河。横陇河形成后，原来的河道因流经当时的京东西路，被称为"京东故道"。

横陇河从濮阳向东北流，经今聊城、临清一带，循京东故道北侧，在今惠民、滨县以北入海。

由于横陇河流经西汉黄河、屯氏别河、京东故道等几条河道之间的堤间洼地，地势低下，所以在河道形成之初，连续十几年没有发生河患。但是没过多久，河口段就开始淤浅，庆历三至四年（1043～1044 年），河口以上 140 余里河段已经淤积，下游几条岔流也相继淤塞，结果在庆历八年（1048 年）发生了商胡口改道事件，横陇河道从此不再行水，前后仅存在 14 年。

8 北宋后期的下游河道

北宋仁宗庆历八年（1048 年）六月，黄河在商胡埽（今濮阳东昌湖集）向北溃决，北流经今滏阳河与南运河之间，下游合御河（今南运河）、界河（今海河）至今天津入海。这是黄河变迁史上的第三次重大改道。

仁宗嘉祐五年（1060 年），黄河又在大名府魏县第六埽（今南乐西）决出一支分汊，向东北流，行经一段西汉黄河故道以后，下流循汉代的笃马河（今马颊河）入海，被称为二股河。

由于两股河道并存，人们称商胡埽北决的河道为

"北流"或"北派"，称第六埽决出的河道为"东流"或"东派"。随着这北、东两派的出现，北宋朝廷上下围绕着固定河道问题，展开了反复的争论，其中一种意见主张维持北派，另一种意见则主张行用东派二股河或是沿用京东故道及横陇故道。在直到北宋灭亡的这80余年内，两种意见针锋相对，互不相让，始终也没有能取得共识。在这期间，黄河则时而北流，时而东流，有时还两派并行，有时甚至向东决入梁山泊，然后再分流入海。总之，黄河下游已开始进入一个变化多端的时代。

如果把庆历八年（1048年）生成北派河道这一次河决也算在内，在这一时期黄河一共发生过3次决而北流。这3次北决的河道，流向大致相同：在今濮阳县附近决出后，向北经清丰、内黄、大名、馆陶、清河、南宫、枣强、冀县、衡水、武邑等县，然后再北合御河（今南运河）、界河（今海河），至天津以东入海。

北宋后期黄河河道决而北徙，主要是由于自东汉时起河道长期流经和泛滥于冀鲁交界地带，地面淤高，而南运河以西地区比较低洼，按照"水往低处流"的自然规律，一旦在北岸的低洼处溃堤决口，马上就会形成新的河道。（见图4）

北流的新道形成之后，由于河床比降增大，下泄量随之增加，濮阳以上河道出现了相对稳定的局面；而濮阳以下河道则由于在决口改道北徙的地方形成了一个急转的河湾，结果在凹岸的堤防薄弱处出现了险

图 4　北宋后期黄河北流、东流图

工地段。庆历八年（1048年）后，在今濮阳、清丰、
馆陶之间（即古代的澶州、大名一带）的河湾上有灵
平埽、大吴埽、小吴埽、商胡埽、迎阳埽、孙村埽等
一系列险段，汛期一到，时常泛滥决口。

　　北流的黄河进入冀中平原以后，河道呈现出典型
的游荡性特征，在东西两侧有高地夹峙的滏阳河和南
运河之间的平原上来回摆动。当时的治水者顺依这种

游荡的特性，把堤防修筑得离开河道很远，有的地方甚至相距几十里远，给河道留出了充分的游荡余地。然而这样也并没有免除河患。宽立堤防虽然可以暂时起到防范移徙的作用，但是由于河道平缓，来沙又多，河床宽浅而无约束，造成溜势分散，产生许多沙滩，主槽变化不定，河底很快淤高。譬如元丰四年（1081年）决出的北流河道，短短20年后就已淤积高出地面。所以冀中平原上的北流河道也经常出现决溢现象。

北流河道所行经的界河，原来河道比较狭窄，黄河徙入以后，河床受到强烈的冲刷，迅速加深加宽，在改道之初的十几年内，河床的宽度展宽了约4倍，深度加深了2～3倍。这对减轻下游河患起了很大作用。

东流的黄河，除了嘉祐五年（1060年）形成的二股河之外，还包括京东故道和横陇故道。京东故道和横陇故道河床又都早已淤高，二股河起初宽200尺，深不到6尺，以后虽曾一度拓宽，但不久就又逐渐淤浅变狭。庆历八年（1048年）河决北流以后，东流派主张引水回流。宋仁宗嘉祐元年（1056年）四月，强行堵闭北流，在今濮阳县东北的赵村遏阻黄河水流入六塔河，再由六塔河注入横陇故道。但是由于分水处的北流河道阔200步，而六塔河宽仅40余步，只能容纳十分之三的黄河水量，而横陇故道高亢的地势，不仅无助于冲深刷宽河道，而且连行水都不够十分通畅，所以在闭塞北流的当晚，就又重新溃决。东派的二股河河道虽然比较顺直，距海里程也要短一些，但是河床淤高的情况同样十分严重，其中利用西汉故道的某些地段，在元祐末年时甚至已超过两岸民房的屋顶。

除了河床淤高这一不利因素之外，东派黄河南北两岸的堤防修筑得也普遍比较迟缓，而且不够坚实。堤防残缺，水流旁泄，从而冲刷减弱，也就进一步加重了河床的淤积。此外，东北两派分流处的地势是东高西低，水势自然更倾向于北流。所以尽管可以通过人工强挽黄河东流，但是一遇洪水，就很容易会决入北流河道，使东派断绝。

总之，宋仁宗庆历八年（1048 年）以后的北流、东流两派，就河道条件而言，东派地势高，河道比降小，行水不畅；北派行经低洼地带，河道比降大，易于行水，所以条件要好得多。在这种条件下，东流派强行塞断北流，挽河东流，自然都不可能维持太长时间，所以屡塞屡决，最后还是决而北流，直至北宋亡国，东流派的人为努力始终未能奏效。

🌀 9 金人统治时期的下游河道

就在北宋朝廷上下为黄河的北流与东流争持不下的时候，崛起于东北地区的女真人建立金国，挥师中原，一下子就抓走徽宗和钦宗两位皇帝，北宋王朝宣告覆亡。

刚刚在临安（今杭州）建都的南宋王朝，又有人提出了人为决河、利用黄河水阻遏金兵铁蹄的"奇策"。后来的历史证明，这种"以水当兵"的办法，除了使老百姓遭受无谓的灾难之外，是起不到任何积极作用的，宋朝的情况是这样，国民党扒开花园口的做法也是这样。

南宋高宗建炎二年（1128年）冬天，宋人在今滑县西南一个当时叫做李固渡的地方，扒开河堤，实施了"以水当兵"的防御措施。决出的河水冲向东南，流经濮阳、东明、鄄城、郓城、巨野、嘉祥、金乡一带汇入泗水，再由泗水进入淮水，东流入海，在历史记载中把它概括地记述为"由泗入淮"。

黄河"由泗入淮"，丝毫没有挡住金人的兵锋，但是却从此离开了春秋战国以来流经今浚县和滑县南旧滑城之间的故道，不再东北流向渤海，改为以东南流入淮河。这是黄河变迁史上的第四次重大改道。

浚县与滑县之间是黄河下游的窄段，由于这一段河道的控制，北宋以前下游河道决口后移徙摆动的范围，基本上被限制在太行山以东、山东丘陵以北的河北平原上。南宋初脱离开这段河道的控制以后，下游河道开始在豫东北到鲁西南这一范围内摆动。

黄河干流在建炎二年（1128年）决向东南流以后并不稳定，在大的流向基本不变的前提下，频频发生改道现象。从总的趋势来看，在上述豫东北到鲁西南这一区域内，河道干流是逐渐由偏东趋向东南，决口的地点则逐渐向上游方向（西侧）移动。

建炎二年（1128年）"由泗入淮"的黄河河道，至今郓城陈里长西分为两支，一支向东北注入巨野泽，然后向北流入北清河；另一支向东南流，又转东北入巨野泽，再东南出，与泗水相合，再下沿泗水河道，经徐州市东南汇淮入海。

到金世宗大定八年（1168年）时决塞，河道又发生了比较明显的变化。当时黄河在李固渡附近溃决，冲出了一条新的河道，即由李固渡向东南流经今长垣东北、东明南、定陶西、曹县南、虞城东北、砀山北、萧县北，绕经徐州与旧河道相合，东南经今邳县西南汇入淮水。这条新河道形成后，原来的旧河道仍并行不废，于是出现了南北两道分流的局面。新出现的"南流"夺去了全河五分之三的水量，建炎二年（1128年）形成的"北流"仅剩五分之二。这种几股岔流同时存在，几股河道迭为主次的局面，在这一时期内反复出现过几次。譬如大定末年出现过3股河道并行的状况，直到金章宗泰和八年（1208年），这3股河道才重又合而为一，自今新乡折向东流，经延津北、封丘北、东明南、定陶南、单县南、砀山北、徐州等地，由泗入淮。（见图5）

在这一时期，黄河河道的迁改极为频繁。河道如此动荡不定，是前所未有的，其中既有自然的原因，也有人为的作用。

河道移荡的自然原因是豫东北和鲁西南地区的河道，起初大多是由河决在平地漫流而成，河床宽浅，水流不受约束，岸上虽然也有堤防，但是多为砂土所筑，洪水一到，很容易被冲毁击溃，所以在汛期往往会决出几股岔流并行。

与自然的因素相比，人为因素的影响对于河道的频

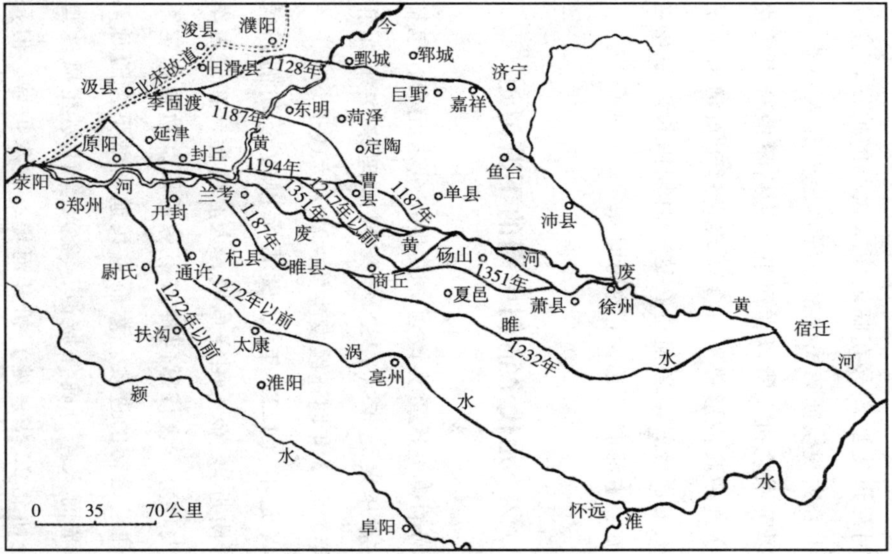

图 5　金元时期黄河南徙主要泛道图

43

频变迁起到了更大的作用。当时宋金两个朝廷相互对峙，在金人最初开始南侵时，宋朝曾一度同意与金人划黄河为界，这样河道不断向南摆动，会自然而然地扩大金人的统治区域，所以金人根本无意去固定河道。另外黄河河道主要游移在临近南宋疆域的地区，金朝政府也担心大规模征集民伕整治河道会引起人心动荡，给宋人以可乘之机，所以在河道溃决后不敢全力筑堤堵口。在这种政治形势下，金朝政府对于黄河河道的治理，极为消极，结果使得在这一时期内长期存在着多股分流、主河道变更不定的局面。

10 元代至清朝中期的下游河道

黄河的第五次重大改道，发生在金末元初，包括从金哀宗开兴元年（1232 年）到宋理宗端平元年（1234 年）的 3 年间连续发生的两次人为改道。

开兴元年（1232 年），蒙古军围攻金朝的归德（今商丘附近）。金人困守危城，人心惶惶，在蒙古军队的强大攻势下，依靠问神占卜等手段，勉强稳定军心，顶住了最初的进攻。然而重兵逼临城下，随时都可能破城而入。为确保城池，金人曾计划在凤池口（今商丘西北 22 华里处）扒开河堤，放水护城。但是负责水利事务的官员警告说，前一年黄河决口，曾经做过测量，测得凤池口的高程与城内的龙兴塔高度相等，如果在凤池口扒开河堤，就会淹没全城。面对不可避免的屠城之灾，两害相权，金人还是冒险采取

"决河护城"的办法，无奈蒙古大兵云集城外，派出决河的人马或杀或掠，被收拾得一干二净，无一冲出重围，决河放水的计划未能实现。

然而也许蒙古军队了解到了归德地势低于黄河河床的情况，竟然也想到利用河水灌城的办法。于是挖开凤池口，滔滔黄河水从归德西北倾泻而下，直冲城下。可是城高，河水并没有灌到城内，而是绕城而过，在归德西南流入濉水，夺濉入泗。最后归德城竟依赖决出的黄河水作屏蔽而保全下来。蒙古南侵者气急败坏，想把最初提议决河的人杀掉，而此人则早已不知去向。

这次人为决河，在黄河变迁史上产生了重要影响，因为它促使黄河第一次走入了濉河河道，使黄河河道的摆动范围超出泗水，进一步移向西南。

两年之后，南宋军队北上开封，与蒙古南侵者争夺中原。蒙古南侵者针锋相对，引军南下，重演了一出决河灌军的故伎。决河的地点是开封以北20多华里处的寸金淀。河决后，水南流，经封丘、开封到杞县，分成3股岔流。主流流过杞县新旧二城之间，经太康以东进入涡河，再到怀远汇入淮河。另外两支，一支经新城北面的濉河旧道东流，过睢县南、谷熟镇、会亭镇南等地，至永城北侧进入汴河故道，流向东南，经宿州、灵璧、泗县等地，在盱眙县北侧汇入淮河；一支经旧城南侧南流，由太康西过淮阳，再到项城而流入颍水，东南流经颍州（今阜阳市）、颍上汇入淮河。这是黄河第一次袭用涡河、颍河河道，与两年前袭夺濉河河道合在一起，构成了黄河的第五次大改道。

　　黄河下游河道夺颍河入淮，使黄河河道的摆动，达到了下游扇形平原的最西南界极限，这与河道沿岸条件的变化有关。黄河下游河道在北岸进入平原以后，南岸还有低山的控制，这就是今郑州市西北的邙山。邙山古时候叫做广武山，是嵩山从伊洛河口沿黄河南岸向东延伸的部分。广武山本来作西南—东北走向，它控制着黄河下游河道在流出山地后向南摆动基本上不能超过古汴河一线。

　　在北宋哲宗元祐年间（1086～1093年）以前，黄河河道偏北，当时在广武山以北的黄河南岸还有大片土地，汉唐时期济水和汴水就在这里分引黄河水东流。唐代还在广武山北侧设置了河阴县和河阴仓。

　　元祐年过后，黄河正溜逐渐向南移动，河水的冲刷使南岸不断崩塌。进入金朝，位于广武山东北麓滩地上的唐宋河阴县已经塌入河中，元时把河阴县治迁到了紧临广武山北一里远的地方。元至正十五年（1355年）黄河溃决，整个河阴县城又一次塌入洪流之中，河道进一步逼近山根。河水不断淘挖山根，使山崖也大片崩塌，广武山由原来的东北向变成了东南向，结果使黄河失去了控制，在郑州一带决向东南，最终夺颍河入淮，摆到了下游平原的西南极限。

　　在元代初年所形成的3股河道上，不断发生决溢现象。如至元二十三年（1286年）十月，黄河在原武、阳武、中牟、延津、开封、祥符、杞县、睢州、陈留、通许、太康、尉氏、洧川、鄢陵、扶沟15处决口，决口地点几乎布满了黄河下游夺淮以前的各段河道。至元二十五年（1288年），又溃决了阳武县等22处河道。据粗略统计，在从蒙古灭金到元代覆亡的一百多年内，见于记载的决溢地点就达50多处，平均每两年就有一处决口出现。

元成宗大德元年（1297年），黄河在杞县蒲口决口，经商丘、夏邑境内，到徐州汇入泗水，再转入淮河。这样，下游河道又出现了北移的趋势，像钟摆一样开始向回摆动。元顺帝至正四年（1344年），黄河又在白茅口（今曹县西北）决口，主溜进一步北徙，河水沿会通河、北清河，泛滥于两河沿岸各地。

河道北徙带来的洪水泛滥，造成了严重灾难。为整治河患，元朝政府在至正十一年（1351年）委派贾鲁负责主持治河工程，重新固定了下游河道。贾鲁治河所采取的对策是堵塞北流河道，强挽黄河趋东南方向由泗水入淮河。为达到这一目标，他在堵塞北流河道的同时，疏浚了280多里河道，修补了一百多处堤岸。新成的河道大体上经今封丘南、开封北，穿行东明、兰考之间，绕商丘北、虞城南，流过夏邑、砀山之间，东经萧县北，在徐州汇入泗水，循泗入淮。贾鲁整治的这条河道，对河道的深广和堤岸的高低宽狭都有统一的要求，还根据水情设计了不同的堤埽，具有规整的河道和完备的工程设施，因此颇受后人称道，人们把这条河道叫做"贾鲁河"。

在当时的社会条件下，贾鲁河应该说是一条治理得十分彻底的河道，但是它和所有水利工程一样，再完美也离不开完善的维修养护措施。令人遗憾的是，

47

贾鲁河建成之后不久，就遍地燃起了反抗元朝黑暗统治的烽烟，朝廷根本无暇顾及河道的养护，使得黄河下游在豫东和鲁西南地区不断南北摆动。从总的趋势来看，先是经常向北决徙。在元末明初的一段时间内，河道流经今原阳北、封丘北、菏泽南、金乡北、鲁台北、沛县东等地，至徐州由泗入淮。大约在明洪武八年（1375 年）前后重又向南摆动，恢复了贾鲁河故道，有时也向南决入颍河或涡河，转而入淮。

洪武二十四年（1391 年），黄河在原武黑洋山（今原阳县西北）决口，黄河水东南流，经开封城北，折而南行，经陈州（今淮阳）夺颍河入淮。以前黄河虽然也曾几次走过颍河水道，但都只是一股岔流，干流入颍河河道，这还是第一次。正因为是干流所经，当时人们又称之为"大黄河"。干流入颍河以后，原来的贾鲁河仍有一定水量，但已十分微小，所以人称"小黄河"。从此以后直至 16 世纪中叶的明嘉靖时期，河道演变的特点仍然是频繁地南北摆动，同时多股并存，迭为干流，变化极为紊乱。

永乐九年（1411 年），一度用人工恢复了明初的故道，走菏泽、鱼台一线进入运河。永乐十四年（1416 年），开封附近河道决口，东南流经杞县、睢县、柘城汇入涡河。

正统十三年（1448 年），黄河下游分为南北二股。南股在孙家渡口（今郑州市西北）决出，向南袭夺颍河入淮；北股在新乡八柳村决出，经原阳、延津、封丘、长垣、东明、鄄城、范县等地，流入运河。"小黄

河"贾鲁河到这时则已严重淤塞，水流浅涩，需要不断疏浚。（见图6）

図6 明正统十三年黄河主要流路示意图

弘治二年（1489年），黄河下游河道又在原武至开封间出现多处决口，其中全河流量的十分之七向北决出，十分之三向南决出。南决的水流在中牟到开封县界内又分成两股，一股经尉氏等县，由颍河入淮；另一股经通许等县，由涡河入淮。此外还有一支南决的水流东出今商丘县，南流至亳州，也汇入涡河。北决的正流东经今原阳、封丘、开封、兰考、商丘等地，东趋徐州入运河。这大致上就是贾鲁河过去的流路，也是古汴河的旧道，所以人称"汴道"。另有一支北决的水流，冲入了张秋一带的运河。

第二年（明弘治三年，1490年），官员白昂主持治理这4处漫溢的河道。他首先堵塞住了30多处决口，并疏导河水进入颍河、濉河、运河等水道，修筑河堤，维持了三条比较稳定的河道，一条走涡河，一条走颍河，另一条是主干道，走汴道。

白昂治河虽然取得了一定成效，但下游河道仍旧不断决溢分流。到弘治七年（1494年），又由刘大夏负责，重修整治河道。刘大夏对于河堤大事加固重修，同时也进一步疏浚河道，但对河道的基本态势未做明显的改变，依旧基本维持着白昂治河后的状况。同样，他也和白昂一样，没有能改变频频决溢分流的局面。

刘大夏治河以后，在明正德至嘉靖前期，黄河下游仍呈多支分流的局面，当时比较稳定的泛道共有5条，可分为南路与东路两大流向。南路共两条河道，一条由涡河入淮，一条由濉河入泗入淮；东路共3条河道，1条由贾鲁故道经徐州入泗入淮，1条由曹县东流经沛县入运河，1条是从流经曹县、沛县这一派上分出，经谷亭（今鱼台）入运河。总之，仍旧是同时并存着多条比较固定的河道。

到了嘉靖二十五年（1546年）以后，情况发生了较大变化，这时除了经徐州夺泗入淮的一条河道之外，其他别派岔流几乎全被塞阻。发生这一改变的原因，主要是由于黄河水中含沙量过高，多派分流，水势变缓，减弱了水流的挟沙能力，于是泥沙迅速淤积下来，阻塞了河道。

岔流受阻以后，主干道上的决溢更为严重。嘉靖后期，在除州、沛县、砀山、丰县一带，时常泛滥成灾。面对这种局势，著名的治河专家潘季驯在万历年间（1573～1619年）采用"束水攻沙"的办法来解决泥沙淤积的问题，取得了一定成效。潘季驯的办法是逼近河床修筑河堤，通过约束水流来提高它的挟沙能力，从而减缓沉积。这种治理淤积的办法虽然也未能彻底解决下游河道的泥沙淤积问题，但是却从此基本固定了单一的下游河道，改变了自金代以来长期多股河道并存的局面。嘉靖二十五年（1546年）出现、在万历年间由潘季驯主持最终固定下来的下游河道，就是现在普通地图上都做有标识的所谓"废黄河"或"淤黄河"。

明代自永乐以后，治河都遵循两个基本原则：一是保证南北大运河的畅通，固定河道的直接目的是为了确保徐州以下河段有足够的水源；其次是防止淹没明人的祖陵（在今泗洪县境，已沦入洪泽湖内）和皇陵（在今凤阳）。潘季驯固定徐州、泗水的河道之后，可以说基本上解决了这两个问题。

河道固定以后，由于"束水攻沙"的办法并没有彻底解决泥沙淤积问题，日久年深，河堤随着泥沙的沉积而增高，河床渐渐高出了地面，使干流的大部分河段都变成了地上"悬河"，河道更易溃决，而且河水泛滥所造成的危害也更为严重。到清嘉庆、道光年间（1796～1850年），黄河下游河道已经淤废不堪，滩槽高差极小，一般洪水年普遍漫滩，防御稍一不慎，就要决口。一旦决口形成，河水旁泄，就进一步加速了口门以下河道的堆积。这样严重的淤积引起了频繁的决口，而频繁的决口反过来又大大加快了淤积的速度，如此反复恶性循环，预示出一次新的大改道已无法避免。

11 清代中期以后的下游河道

清咸丰五年（1855 年）六月，黄河在兰阳铜瓦厢决口，洪水先向西北冲淹封丘、祥符各县，接着又向东流溢于兰仪、考城、长垣等县，继之分为两股，一股出曹州东赵王河至张秋穿过运河，另一股经长垣县流至东明县雷家庄再分成两支，最后这两支在张秋镇与曹州流出的一股会合，穿过运河，经小盐河流入大清河，由利津牡蛎口流入大海。东出曹州的一股三四年后就被淤塞，于是剩下的一股就成了黄河正流。这次大改道结束了七百多年由淮入海的历史，黄河下游河道又转向东北流，注入渤海，恢复了北宋以前的流向。这是黄河变迁史上的第六次重大改道。

咸丰改道后到同治末年（1874 年），下游河道极不稳定，水流在以铜瓦厢为顶点，北至今黄河稍北的北金堤，南至今曹县、砀山一线，东至运河的三角冲积扇上毫无约束地散荡漫流，正溜从冲积扇的一侧游荡摆动到另一侧，变化无定。每当洪水陡涨之时，就在兰阳、郓城、东明等地形成大小无数决口，给鲁西南地区造成了重大灾难。（见图 7）

新形成的河道迟迟没有能固定下来而任其泛滥成灾，一方面与正值太平天国起义，遍地烽烟，清朝政府无暇顾及有关，同时也与南北方地主官僚的利益冲

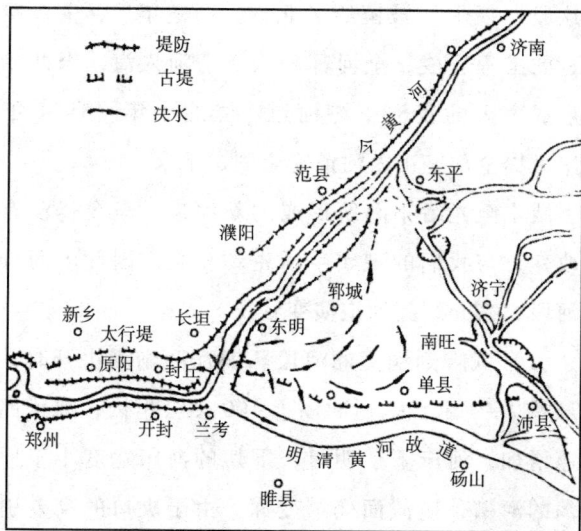

图7　铜瓦厢改道示意图

突具有密切联系。黄河北流，要冲毁山东、河北等北方地区的土地，而且洪水的灾害是长期的，等于是在北方地主的头上悬上了一把利剑，因此朝廷中的北方官僚如山东巡抚丁宝桢等人坚决要求堵住决口，恢复南行的河道，由淮入海。然而对于安徽、江苏等地的南方地主来说，黄河决而北流，恰似天赐良机，送走了缠绕七百多年的瘟神，又怎愿把它再招惹回来呢？安徽合肥人李鸿章代表着这些南方地主的利益，针锋相对地主张因势利导，维持北流的新河。争执的双方互不相让，朝廷也就迟迟没有能做出决策。

　　光绪元年（1875年），终于开始在新河道的南岸筑堤，着手固定河道，也就是说在这场南流还是北流的争执中，安徽、江苏等地的南方地主占了上风，黄河这股"祸水"被留给了北方。两三年后，菏泽贾庄附近的工程告成，全河都归入大清河入海，至此始基本形成今天的黄河下游河道。光绪十年（1884年），两岸大堤全部完工，河道完全固定下来。

咸丰至光绪年间所形成的新河道，至今仍没有太大改变，与我们的现实生活密切相关，因此下面分三个河段，来介绍其河道演变状况。

（1）武陟到铜瓦厢河段。铜瓦厢刚刚决开时，水面悬差2~3米，铜瓦厢以上100多公里内，滩槽高差迅速增加，河床下切明显，下切的河床宽度小于原来游荡的河槽，横截面变窄变深。由于决口的高差引起铜瓦厢以上河道冲刷下切，洪水不易溢出河槽，所以咸丰五年以后黄河下游的决口大多集中在铜瓦厢以下河段，铜瓦厢以上河段十分稳固。

（2）铜瓦厢到陶城埠河段。咸丰五年到同治年间漫流不定的河道，在以铜瓦厢为顶点的三角形冲积扇上留下了纵横交织的水网。光绪初年新河道筑成大堤后，许多水沟河汊被圈在了堤内，一遇洪水，这些沟沟汊汊就引水顶冲大堤，形成险工地段。20世纪以来黄河出险的地方就多发生在铜瓦厢至陶城埠河段，所以这里又有黄河"豆腐腰"的别称。

（3）陶城埠至利津海口河段。陶城埠以下原来是小盐河和大清河的河道。大清河在铜瓦厢决口以前，河床狭窄，河道纡曲。铜瓦厢决口以后，黄河洪水涌入，水量陡增，河身无法容纳，时常冲决河岸。但由于起初没有马上修筑河堤，陶城埠以上河段河道游荡漫流，泥沙大部分淤积在河南境内，流入大清河的水流含沙量不高，河道淤积非但不重，反而因水量增大，冲刷拓宽了河床。光绪年间，河南境内修筑大堤以后，河道束狭，原来的漫流河道所具有的蓄洪拦沙作用明显减弱，使得流入大清河的泥沙大大增加，淤积加速，河床迅速提高。光绪元年（1875年）时，河岸高出水面将近两丈，可是到光绪九年（1883年）时，由于河底淤高，水面到两侧河岸只剩有三四尺高差。前后不过8年多时间，变化竟如此迅速，可见泥沙沉积速度十分惊人。又过了十几年时间，到光绪二十二年（1896年）时，河底就已高出堤外平地，形成了地上悬河。在这种情况下，河道的频频溃决自然是不可避免的了。所以光绪年间黄河下游的决口大多集中在大清河新道上。此外，黄河的尾闾在河口三角洲上也不断地做南北往复摆动，从咸丰五年改道北流时起，到1938年为止，比较大的改道就发生了11次，平均每七八年尾闾就要有一次大的改徙。

就整个下游河段而言，在这一时期内共有两次大规模决徙。

第一次决徙发生在1933年。这一年遇到特大洪水，上、中、下游全河水量暴涨，各段都有决溢，其中下游河段的决溢发生在从温县到长垣200多公里长的河道上，共造成52处决口，两岸居民受灾严重。

第二次决徙发生在1938年。当时日本侵略军向中国发动全面进攻，国民党当局试图利用洪水来阻止日军西进，于是在这一年的6月，扒开郑州花园口大堤，黄河全部水流涌向东南，泛滥于贾鲁河、颍河和涡河之间的地带，最后由淮河泻入洪泽湖，汇入长江。洪水波及5万多平方公里，前后历时近10年，淹没约90万人。到1947年3月，为了"以水代兵"淹没解放区，国民党当局猝然堵塞决口，使黄河回归北流。幸而在解放区军民的抢修下筑好了残毁的大堤，北归的黄河顺利安全入海，未能造成灾害。

中华人民共和国成立以后，一直通过修护堤防和整治河床，维持着黄河下游河道，没有出现大规模决溢改徙事件。

12 下游河道变迁的总体趋势及其成因

黄河下游河道的变迁频度高、幅度大、历时久，流路极为繁多，但是综合考察其变迁过程，可以发现河道的演化也存在着一定的规律。

北行的河道一般是以河南浚县、滑县上下作为迁徙变化的顶点，先是由偏北流逐渐转向偏东流，再由偏东流转向偏北流，往复移徙，周而复始。其摆动的范围，西北不过漳水，东南不出大清河。除了漳水和大清河以外，北流的泛道主要还有滱水、滹沱河、御河、漯水、马颊河等。其中的滱水泛道，就是《山海经》中所记述的黄河下游河道，在今天津市区入海，是历史上最北的一条泛道。滹沱河泛道是《禹贡》中所记述的黄河下游河道。漳水泛道是上述两条下游河道的上段。御河泛道也就是隋代的永济渠和宋代的御河，北宋时期曾3次为黄河所袭夺。漯水泛道原来是黄河下游干流上分出的一条分流，春秋时代以来，长寿津（今河南濮阳西南）以上为黄河干流所袭夺；东汉以后，东武阳（今山东莘县南）以上又为黄河干流所经行。马颊河泛道曾经是西汉黄河干流的一支减水河。大清河泛道过去是古济水的下游，唐宋以前黄河南决巨野泽、元明以后黄河北决梁山泊或张秋，都走大清河入海。

南行的河道一般是以河南原阳、延津上下作为徙改变化的顶点，与北行的河道相比，这个顶点已向上游方向移动。围绕着这一顶点，河道逐渐向东南方向（即由偏东移向偏南）摆动。其摆动的范围，北面不过大清河，南面不出颍河和淮河，最后都注入黄海。黄河下游河道的南行，发生在北行之后，因此统观下游河道由北行到南行的全过程，可以发现其基本移动规律是先自西向东摆动，河道南徙后又自东向南摆动，呈扇面形展开。在这样扫过整个华北平原一周之后，又出现了向北回摆的趋势。元明时代下游河道即已经常北决，虽然通过人为作用，强挽住很长时间，但最终还是在咸丰年间移归北方。

南流的泛道主要有泗水、汴水、濉水、涡河、颍河和淮河。其中泗水泛道指黄河向东南决入今济宁、徐州之间的古泗水（又称南清河），再由泗水转入淮河。汴水泛道的流路大致近似现代地图上所标记的淤黄河。濉水泛道是黄河在开封、商丘之间分出，走古淮水至宿迁入泗水。涡河和颍河两条泛道是元、明以后黄河南决自郑州、开封之间流出的主要泛道。淮河泛道则是几乎所有南行河道下泻入海的最后通道。

黄河下游河道的变迁，是由地质构造历史、流域地貌形态、河流地貌结构以及河床演变过程等各种原因引起的。

在地质时期，华北平原是一个海湾，山东丘陵是海湾中的岛屿。黄河、海河、淮河等河流的冲积扇慢慢连成一片，从而形成了现在的华北平原，其中以黄河冲积扇的规模最大。当黄河流向东北注入渤海时，它的冲积扇与漳河、滹沱河、永定河等冲积扇相联结；当黄河流向东南注入黄海时，它的冲积扇又与淮河冲积扇以及山东、淮阳两片丘陵相联结。黄河从中游峡谷地段流出后，直冲这个大平原的脊部，所以它有可能向大平原内各处流淌，一旦发生决口，就会在很大范围内改道。

在这个大平原的中部，有一处黄河无法逾越的高地，这就是山东丘陵山地。它把华北大平原分成了南北两大部分，使黄河具有或东北流入渤海、或东南流入黄海这两种可能性。东北、东南两方面虽然都有许多泛道，但也并非毫无规律。排除人为因素的影响，按照水流规律，黄河自然要走坡面最陡和距海最近的路径。坡面的陡缓随着泥沙的淤积而不断有所变化，河道也就要随之寻求新的出路。纵观黄河下游河道的演变过程，可以看到在众多的泛道当中，以北行的漯水泛道和南行的汴水泛道行水时间最长，说明这两条泛道在较长时间内综合具备了上述两种条件。从距海里程来看,今天现行的河道不仅是北行流路中最靠近山东丘陵山地的一条泛道,而且也是有文献记录以来距海最近的一条稳定的河道。因此,完全有理由长期维持这一河道。

黄河从中游的峡谷河段进入下游平原地区,比降骤然减小,流速随之降低。由于防洪问题未能彻底解决,下游河道的上段又宽又浅,这样中游带来的大量泥沙就严重淤积下来。另一方面,下游河道的下段常常是袭夺其他较小的河流而形成的,所以河槽较窄,行洪不畅,大水时容易出险。在干流水文泥沙过程得到充分调节以前,这种洪水泥沙输送的不平衡状况将不会改变,结果使得下游河道的上段经常因淤积而导致决口改道,下段因洪水过大而泛滥。

黄河决口改道的水文过程往往十分复杂。一般说来,决口前常常因下流河道发生淤积,造成上流壅水,如果突然遇到大洪水,上流就会因行水受阻而发生决口。一旦在上流形成决溢,则又会因水流旁泄,减少主槽流量而降低下流的输沙能力,从而在口门以下淤积急剧加速,甚至造成正河断流,把口门以下一定河段内的河床淤为平地。堵合决口以后,如在口门以下尚未冲刷到原来的宽度和深度时就又遭遇较大洪水,下流壅滞不畅,上流又会发生决溢。这样愈决愈淤,愈淤愈决,历时一久,自然会通过改道来寻求通畅的流路。

除了上述各种自然因素之外,人为因素的影响也不容忽视。从总体上来说，人为因素所起的是固定和维护河道的作用，因为完全按照河流的水文特性，下游河道必然会更为频繁地决溢和游荡，很难有一条维系很长时间的固定河道。但每当社会走向衰败或者是出现严重的动荡时，就往往无暇顾及河道的修护，减弱或者失去这种积极作用，相对于正常的社会环境，它就会加速河道的决徙。更有甚者，在一些特殊的情况下，尤其是在战争状态中，人们又往往会借水为兵，人为地扒开河岸，造成本不应有的决口改道，这就完全是人为制造的消极影响了。此外，不适当的治河办法，有时也会产生加速河道淤积改道的副作用，这又进一步加剧了黄河下游河道变迁的复杂性。

13 下游河道上的分支水道

世界上所有河流的河口地段，都会形成河口三角洲。在三角洲范围内，一是河道摆动不定；二是往往出现许多分支水道，从主流河道上析出，分泄一定水量。黄河三角洲却有自己的特殊性，虽然现在的利津河口附近也有一个与大多数河流相同的小型河口三角洲，但是从历史发展过程来看，却可以把整个黄淮海平原都看做是黄河的大三角洲，因为南到淮河，北到海河的这一广大区域都是黄河的摆动范围，这一点与所有三角洲上的河道摆动状况完全一致。事实上亦不仅如此，在这个大三角洲上还曾存在过许多分支水道，也具备了一般河口三角洲的另一项重要特征。下面就让我们来看看这些分支水道的基本状况及其消失过程。

《禹贡》上说，黄河下游"播为九河，同为逆河入于海"。这里的"九"是古代表示众多数目的一个习惯用词，并不是实指9条河流。"逆河"是指黄河正流上分出的分支水道，因为与汇入黄河正流的支流流向正好相反，所以称为"逆河"。上面这句话翻译成现在的白话，就是说黄河下游散布开许多分支水道，都像倒插着的支流一样汇入大海。这说明当时黄河还保持着它在自然状态下所应固有的形态，甚至很难说清究竟哪一支河道是主干河道。

黄河下游的分支水道包括两种情况，一种是从干流上析出后即一直流入大海，另一种是流出干流一段距离以后重又归入干流。为叙述方便，在这里把前一种情况称之为分流，把后一种情况称之为汊道。

先秦到西汉时期，在武陟、荥阳以下，黄河南岸的分流有济水、浪荡渠、濊水、涡水、漯水等；北岸分流不多，主要是汊道，有屯氏河、屯氏别河、张甲河、鸣犊河等。北岸的分流和汊道大多是决口后由洪水冲刷而形成的，起着分泄洪水和泥沙的作用。南岸的分流中有一小部分过去就是从黄河下游分出的，如漯水、笃马河等；但大多数分支河道原来并不直接联结黄河，而另有自己的源头，大约是在战国魏惠王（公元前370～前362年）时，人工开凿了一条著名的运河——鸿沟（即浪荡渠），这才把淮河的几条支流如泗水、汴水、濊水、涡水、颍水等与黄河相连通，使

之成为黄河的分流水道，并构成了一个以黄河为主要水源的水路运输网。（见图8）

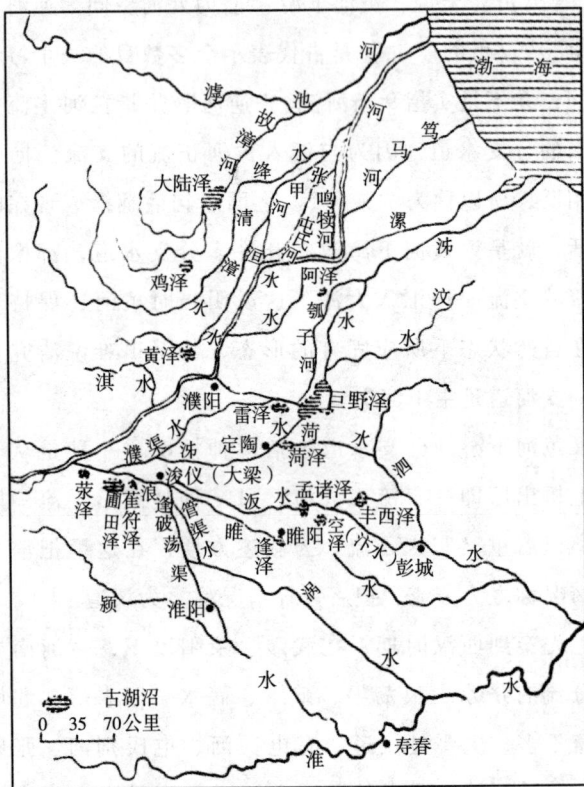

图 8　西汉时期黄河下游分流、岔道和湖沼分布图

东汉以后，黄河下游的分流和岔道开始逐渐淤浅和减少。王景在东汉初年治理河道以后，黄河改走新道，新河道的干流北岸基本上已没有分流和岔道，南岸除了漯水以外，主要分流仍然是鸿沟水系。

魏晋以后，鸿沟水系发生了一定变化。首先是曹操统一北方以后，为了南征吴国，解决运输问题，在颍、涡、濉几条河流之间，开凿了一些人工渠道，增强了这些河流的灌溉和航运能力。另一方面，自西汉中期以后，由于受到黄河决口漫淤的影响，济水河道已渐趋浅涩，于是在东汉以后汴水逐渐取代济水，成为重要的航道。

隋唐五代直至北宋时期，在黄河北岸出现过两条分流。一条名为马颊河，是唐（武则天）久视元年（700年）为分洪经人工修浚而形成的，在今山东境内；另一条名为赤河，是954年在今东阿境内决溢形成的，至11世纪中期始淤塞。南岸的分流主要是隋炀帝所开挖的通济渠，由于利用了汴河水道，所以也称之为汴河。通济渠在荥阳分流黄河水，东南流至今盱眙县北汇入淮河。由于黄河水中含沙量过高，又暴涨暴落，流量变化显著，汴河淤塞严重，到北宋沈括记述时，有的河段河床已高出堤外平地一丈二尺，从河堤上俯视岸边的居民村舍，俨如深谷。可见汴河早已成为与黄河相同的地上悬河，很难起到多大分洪的作用了。

除了汴河之外，南岸的其他分流河道出现了更为严重的淤塞状况，到了北宋中期以后，已不再存在其他固定的分流水道。造成这一局面的根本原因是黄河泥沙含量过高，唐宋时期较之从前更有所增高，而在这一时期，政府又把汴河作为最主要的漕运通道，依赖它来维持富庶的江南地区对于北方都城的供应，为了确保汴河的畅通，不能不控制从汴河中分出的其他分流的水量，从而加速了这些河流的淤浅，乃至造成断流。事实上，由于泥沙淤积严重，就连汴河本身也要依赖定期的淘挖疏浚才能保持通航。

金代黄河南徙以后，下游河道经常同时分成几股，迭为干流，变迁极为频繁而又紊乱，已经与北宋以前的分流河道大不相同，也可以说不复存在任何分流了。元代和明代前期，为了避免黄河向北决入会通河，影响南北航运命脉，经常保持着入颍、入涡、入濉等几支分流来宣泄洪水，但也时塞时通，变化不定。明代后期实行"束水攻沙"的治河方略，把所有水量都集中到有限的主干流河身内，不再允许有任何分流存在，时至今日，仍然保持着这种状况。

三 俟河之清，人寿几何？

黄土地的烙印

造成黄河下游河道动荡迁徙的原因虽然有很多，但是最直接的原因则是河床内泥沙淤积的速度过快、淤积量过大。

大家都知道，世界上所有河流中都含有一定数量的泥沙，而对于一条河流的某一具体河段来说，泥沙是否会在河床中淤积下来，则取决于泥沙数量与河流挟带泥沙能力的对比关系：当后者胜过前者时，河床中就会出现冲刷现象，不仅不会淤积，还要把自身的泥沙冲向下游河段；当二者基本相当时，就会出现一种准平衡状态，世界上许多冲积性河流，经过长期的冲淤调节过程，都已进入了这一状态，河道相对比较稳定；而当前者胜过后者时，就要发生泥沙淤积现象，泥沙淤积到一定程度之后，不可避免地要引起决徙泛滥，黄河下游河床就一直处于这样一种状态。

黄河是世界上输沙量最多的河流，据多年观察测得的平均值，进入下游河道的年输沙量为 16 亿吨左右，也就是说，每年要有 16 亿吨泥沙流入黄河下游。这么多的泥沙，要想把它全部冲入大海，需要有丰沛的水流，可是与泥沙相比，黄河的水量却并不充裕，它的年径流量仅有 468 亿立方米，因此多年平均含沙量高达每立方米 34 公斤左右。

科学家们通过研究发现了黄河下游多年平均含沙量与淤积量的关系：黄河下游多年冲淤达到平衡时所需要的含沙量为每立方米 16 公斤。这样，当含沙量小于每立方米 16 公斤时，下游河道就要发生冲刷；当含沙量大于 16 公斤时，下游河道就要持续淤积下去。由于黄河下游的多年平均含沙量为每立方米 34 公斤左右，因而泥沙的大量淤积也就不可避免了。近 40 多年来经利津海口排放到大海里的泥沙近 10 亿吨，占输沙总量的三分之二左右，显然还有三分之一亦即 6 亿吨上下的泥沙沉淤在下游河道中。

淤积在下游河道中的大量泥沙，当然是从上、中游地区冲刷下来的，但是在上、中游流域的不同地区，由于自然条件差异较大，不同河段的含沙量和输沙量也都变化很大。

龙羊峡以上河段，为黄河的源头段，河网密度小，地表侵蚀轻微，水流清澈，含沙量很小。到兰州附近后进入黄土区域，这才开始打上黄土地的烙印，含沙量明显增加，逐渐呈现出浑黄的水色。随着含沙量较大的大夏河和洮河等支流的汇入，黄河的年平均含沙量增至每立方米 3 公斤，年输沙量 1 亿吨。

兰州以下，除祖厉河外，其余支流泥沙含量均不太高，银川平原和河套平原的灌溉水渠又分流出一部分泥沙，所以在进入中游河段时，含沙量的增加有限，平均含沙量每立方米 6 公斤，年输沙量不到 2 亿吨。

黄河下游的泥沙主要来自中游地区。黄河中游流经侵蚀强烈的晋、陕黄土高原地区，黄土结构疏松，本来就极易流失，黄河中游的干支流河网又比较稠密，所以水土流失情况严重。在河口镇到陕西潼关的黄河转折处这一段干流上，集中汇入了许多泥沙含量很高的支流，于是黄河干流中的含沙量和输沙量都迅速增大。

山西、陕西两省之间的黄河中游河段，大多穿行于峡谷之中，到山西河津县附近的禹门口始豁然开朗，河水的流势也由急变缓。由于水文状况变化显著，很早人们就把这里称之为龙门。在龙门以上河段，汇入有红河、皇甫川、窟野河、三川河、无定河、清涧河、延等支流，这些河流流经黄土高原上水土流失最为严重的地区，使黄河干流的泥沙含量急剧增加。龙门的年平均含沙量猛增至每立方米 32 公斤，年输沙量 10 亿吨以上。龙门以下河段，又有汾河和渭河等支流汇入，这些河流也都流经黄土高原，致使干流的泥沙含量进一步增加。陕县平均含沙量上升到每立方米 38 公斤，年输沙量增至 16 亿吨。从陕县到桃花峪，输沙量基本保持不变，即每年大约把 16 亿吨的泥沙输入下游。由于在这一段水量有所增加，尽管年输沙量没有变化，但含沙量已下降到每立方米 34 公斤上下。

在黄河下游干流的水量和泥沙构成中，按照上、中游来源状况的不同，可以划分出如下 4 个区域。

（1）河口镇以上的上游区。水多沙少，水量占下游总水量的 50% 以上，泥沙输送量则不到下游总沙量的 10%。

（2）河口镇至龙门段。水少沙多，水量占下游总水量的 10% 以上，泥沙输送量超过了下游总沙量的 50%，与上一区域的水沙输出配比恰好相反。

（3）龙门至潼关段。主要是汾、渭两条支流，水量占不到 20%，泥沙输送量所占比例却高达三分之一。

（4）潼关至桃花峪段。主要有伊洛河、沁河等支流，水量占不到 10%，泥沙输送量所占比例只有 2%。

由此可见，黄河下游将近 90% 的泥沙是来自上述第（2）、（3）两个区域，即晋、陕黄土高原及其附近地区。显而易见，黄河的滔滔浊流，带有明显的黄土地烙印。

黄河的泥沙主要来自河口镇到潼关之间的中游河段，从多年平均情况来看，这一地段内有许多支流的泥沙含量要大大高于干流。例如黄河的二级支流泾河（渭河支流），年水流量约 15 亿立方米，年沙量却高达 2.6 亿吨；无定河的情况与泾河相差不多；窟野河年水量不到泾河的一半，年沙量也接近泾河的一半，含沙量仍与泾河不相上下；延河年水量不过 2.3 亿立方米，可是年沙量却高达 6000 万吨；祖厉河年水量更小，只有 1.6 亿立方米，可是年沙量却比延河更高，达 8000 多万吨，等等。这些支流的含沙量都在每立方米 100 公斤以上，有的支流的含沙量超过干流 10 倍以上，而且这里所讲的都是平均状况，若以某一时段的具体数值而论，那么，当夏秋之际洪水到来时，含沙量时常会出现每立方米 600 公斤以上的峰值。

黄河中游的水土流失现象由来已久，在遥远的地质历史时期，强烈的土壤侵蚀，就已经把黄土高原切割成了千沟万壑，而冲积到下游地区的泥沙，则堆积形成了华北平原。这完全是自然的造化，其间的功过也无从评说。进入人类历史时期以后，黄土高原的土壤侵蚀有增无减，黄河中下游干流的泥沙也就从史前时期起一直居高不下。历史文献中的记载表明，黄河自古就是一条充满泥沙的混浊河流，"黄河"这一名称就得自它水中饱含黄土泥沙，致使水色浑黄，因此说，黄河的名称本身就带着黄土地的烙印。

按照古代的一般习惯，河流往往被称为"某水"或以单字命名河流，两者可以并用。黄河最初名为"河水"或单称为"河"，至于"河"字被用为河流的通称，那是比较晚的事情了。虽然黄河最初的名称还没有反映它的水色，但这并不等于说它当时还是一条清澈的河流。西周时有一句谚语叫"俟河之清，人寿几何？"意思是说，人要活到不知多高的年龄，才能等到"河水"（即今黄河）清澈的现象出现，用来比喻可望不可即的事情。显然，当时黄河水已相当混浊，水色澄清已是人们的一种极难实现的愿望。

战国末年，黄河开始有了"浊河"的叫法，反映出人们已把混浊的水色视为黄河最显著的特征。到西汉初年，有了"黄河"这一名称，说明人们对它的水色有了更为准确的认识。西汉初年，在黄河支流泾河上开凿了一条很著名的渠道，用以灌溉农田，由于主持这项工程的人姓白，所以被称为"白渠"。"白渠"分引的泾河水中就含有大量泥沙，当地的百姓说"泾水一石，其泥数斗"，是说一石泾河水中要含有好几斗泥沙。石和斗都是古代的容积单位，十斗为一石，一石泾河水到底含有几斗泥沙，这里没有讲清楚，但是在西汉末年时有人明确叙述，黄河水比重大，水质混浊，每一石水中要有六斗泥沙。这样的含沙量虽然还算不上是十分准确的数值，但起码可以肯定与现代的情况相差不会太大。汉代以后，宋朝人称黄河泥沙与河水各占一半；明代人称泥沙占水量的十分之六；清朝人称泥沙占水量的十分之七；每一单位容积的河水当中大致总有一半左右的泥沙。可见自从有文字记录以来，黄河就一直是一条挟带着巨额泥沙的河流，一直是一条名副其实的"黄河"。

到汉元帝（公元前 48 ～前 33 年）时，已有八百多年纪年的历史记载。这时有一位很有名的研究《易经》的学者，叫做京房，他说黄河要一千年才能清澈一次。很显然，到讲这句话时为止，黄河还没有出现过他所预期的这种现象。那么后来呢？魏晋南北朝、唐宋元明清，直到今天，尽管黄河的某些河段在某些极特殊的环境条件下，偶然出现过极短暂的相对澄澈一些的情况，但泥沙的含量从未降低过，所以河水也从来没有清净过。

黄河过去没有清过，在可以预见到的将来，如果没有大范围、大幅度的全球性气候变化，它也不可能清澈，因为黄河的泥沙主要来自黄土高原，而黄土高原的土壤侵蚀远在人类出现之前就已经相当严重，这一自然侵蚀过程目前还远远看不到结束，所以黄河水清依旧遥遥无期，所谓"河清海晏"仍然还只是人们的一种良好愿望。

② 消逝的绿野

黄土高原的水土流失虽然是在人类出现之前就已产生，但是人类活动对于地表的深刻影响却不能不对这一自然过程产生一定的作用。站在黄土高原上，人们可以看到，在经历了漫长的侵蚀过程之后，而今这片黄土地早已是沟壑纵横。搞清楚人类活动在这千沟万壑的形成过程中所起的作用，对于今后控制和减少水土流失具有指导性意义。

地理学家们把没有人类活动介入时的土壤侵蚀称之为"自然侵蚀"，在这一基础上由于人类活动所增加的侵蚀量则被称为"加速侵蚀"。经过大量研究以后，现在基本可以确认，目前黄土高原上的人为加速侵蚀量，平均占侵蚀总量的30%左右。也就是说，如果减去人为的影响，现在黄土高原的土壤侵蚀要减少30%，可见人类活动的影响是相当显著的。现代的情况如此，历史时期也很严重，据估计，近两千年来，在有人类活动的地区，黄土高原上的人为加速侵蚀量大多在9%以上，有的地区在有些时段，可以达18%以上。

人为加速侵蚀主要是由于人类的农耕活动破坏了

原始的植被而使土壤失去保护所引起的，所以，农耕区域的扩展和变迁，直接决定着加速侵蚀量的变化。

按照植物地理学的划分，黄土高原的大部分地域隶属于暖温带森林草原或干草原地带，当然这指的是自然的植被构成。经过两千多年的开发经营，原始的植被已经所存无几，绿色的山川原野，渐渐地都被开垦成了农田，裸露出一片黄色的土壤。失去了绿野的庇护，水土流失也就分外加剧起来。

就自然条件而言，黄土高原上的大部分地区农牧两业兼宜，历史时期农牧两业也是交替发展，有一个盈缩变迁的过程。与农业生产相比，牧业对于自然植被的破坏要轻得多，所以牧业区域扩张时人为加速侵蚀就要小得多，反之则呈增大趋势，这是被事实所证明了的。

直到战国时期为止，山西、陕西峡谷两侧广大的黄土高原地区，包括泾河、渭河和洛河的上游地带，基本上还都属于畜牧区，除了放养牲畜之外，狩猎也占有相当重要的地位，在森林密集的地区尤其如此。农业生产虽然不是一点儿也没有，但比例很小，因而对于植被的破坏十分有限，可以说还基本保持着自然的植被结构。

当时，这一地区的农牧业生产区域分界线大致是关中盆地的北缘和汾、涑谷地的西北边缘。在这条分界线的南面，西周以来即已进入农耕时代；春秋战国时代，则是以农业为主的秦人和晋人的主要活动区域。在这条分界线的北面，直到春秋时代还是戎、狄等游牧民族的活动区域，与农业生产殊少发生关系。从春秋中叶到战国时期，秦国、晋国以及从晋国分裂出来的韩、魏、赵3国逐渐并吞了这些地区，但畜牧业仍然是当地的主要生产事业。例如战国末至秦始皇时，在泾河上游的乌氏县（今甘肃平凉西北），有一个人靠畜牧而成为巨富，他所拥有的马牛之类大牲畜，都已经多得难以计数，甚至要用山谷来计量（即养有多少个山谷的马、牛）。仅此一例，已足以反映出当时黄土高原上水草丰美、牛羊遍野的景象。在这样的土地利用形式之下，人为加速侵蚀自然微不足道。

到了秦和西汉时代，这里的土地利用情况发生了很大变化。秦和西汉两个王朝强制推行了两种移民政策，对于黄土高原的开发利用产生了重大影响。

政策之一叫做"实关中"。关中平原中部是秦都咸阳和西汉都城长安的所在地，是这两个封建王朝的心脏地区。所谓"实关中"就是把其他人口财富比较集中地区的居民移置到关中地区，借以增强国都四周的人力物力，屏护京师，巩固朝廷的统治。

政策之二是"戍边郡"，就是移民到边境地带，以巩固国防，增强防卫力量。

这两项政策都与黄土高原具有直接的关系。"实关中"虽然主要是把移民安置在关中平原腹地，但在关中平原北部边缘的黄土高原上也安置了一定数量的人口。例如秦始皇三十五年（公元前212年），曾向云阳移居5万户居民；汉武帝太始元年（公元前96年）、汉昭帝始元三年至四年（公元前84～前83年）又曾先后3次向云陵移民。云阳和云陵都在今陕西淳化县北面泾河上游的黄土高原上。

秦和西汉时期的主要外患来自边境西北的匈奴，所以移民戍边的主要地点也在西北边地，黄河中游流域除关中盆地和汾、涑流域外，都是需要戍守的边地范围，另外还包括黄河上游的河套地区、鄂尔多斯草原以及河西走廊等地，其中接受移民最多的是中游的黄土高原和上游的河套地区。

秦代共进行过两次大规模的移民戍边，一次在秦始皇三十三年（公元前214年），一次在秦始皇三十六年（公元前211年），总共向河套和黄土高原地区移置了几十万人，为此增设了40多个县。

大约40年之后，根据晁错的建议，汉文帝又通过免除赋役、授予爵位、赦免罪过等一系列办法来募集居民，"自动"迁徙到边塞地区，又有许多人迁往陕北、晋北黄土高原。

又过40年，汉武帝元朔二年（公元前127年），卫青收复了一度被匈奴占据的河套地区，又向这里以及陕北黄土高原移置了10万人。

元狩三年（公元前120年），汉武帝一次就向陇西、北地、西河、上郡等地移民70多万人；元鼎六年（公元前111年），他又向上郡、朔方、西河、河西等地移民60万人。除了河西走廊上的"河西"地区之外，朔方郡在河套地区，陇西郡辖境相当于渭河上游西至洮河流域，北地郡相当于泾河上游北至银川平原，西河郡和上郡相当洛河上游及山西峡西峡谷流域，这些移民迁入地大多在黄土高原上。

迁移到黄土高原上的内地居民，本来都是以务农为生的，迁到这里以后仍然要靠耕垦土地来维持生计。从汉武帝到西汉末年这一百年间，黄土高原上的人口日益增殖，田亩日益垦辟；尤其是汉宣帝以后约70年内，匈奴已经降伏，北部边境不再遭受侵扰，社会安定，人口和田地增长都更为迅速。据《汉书·地理志》记载，在汉平帝元始二年（公元2年）时，山（西）陕（西）峡谷流域和泾、洛、渭上游地区已有50多万户，240多万人，有人据以推算当时这一地区的人口密度已达每平方公里10～13人。与这一人口数量相适应，必然要开垦大量的农田，大片的树木和草场就要被砍伐斫烧，结果是绿野消逝，黄土裸露，水土严重流失。

如果从西汉开始的农田开垦浪潮一直这样持续下去，今天的黄土高原可能会更加破碎，幸而随着西汉王朝的覆亡，终止了这一垦殖高潮，西汉形成的新垦区又逐渐被畜牧业所取代，黄土地上又披上了绿装。

东汉初年，朝廷忙于对付内部问题，无暇外顾，只好放弃了北部边缘的北地、朔方、五原、云中、定襄、雁门、上谷、代8郡，同时把当地居民迁往内地。于是匈奴深入北边侵扰，严重地扰乱了黄土高原农耕居民的生产和生活。直到建武二十六年（公元50年），匈奴南单于降附汉朝，这才恢复了边缘8郡，并且让撤回内地的边民返回原地。这8个郡的建制虽然恢复了，但黄土高原及其他缘边地带的农耕景观却大多没有恢复过来。终东汉一代，黄土高原上的风物景象，已与西汉迥然不同。

东汉时期，黄土高原上的居民构成已经与西汉大不相同，大批游牧人口相继迁入这一地区。随着汉族居民的内迁，北边的匈奴人首先大批迁入了缘边农耕区域。就在恢复缘边诸郡这一年，匈奴南单于率领他的部众四五万人入居塞内，散居在西汉北地、朔方、五原、云中、定襄、雁门、代等郡，即晋陕黄土高原的北部。到了章帝（公元 76～88 年）、和帝（公元 89～105 年）时代，又有大批北匈奴来降，也散居在黄土高原北部沿边各郡。另外，还有羌、胡、休屠、乌桓等族杂居在这一带，其中羌人为数最多。本来在西汉时羌人还大多居住在塞外，只在湟水流域有一部分羌人是杂居在塞内。王莽末年开始，越来越多的羌人入居塞内，主要还是散布在黄土高原上。到了东汉中叶以后，渭河上游、泾河上游、洛河上游和山（西）陕（西）峡谷流域的黄土高原各个地区，都已有羌人居住。当时在这一区域内共有 30 多万匈奴人，五六十万羌人，再加上其他各游牧部族，总计有 100 万左右牧业人口从塞外迁到了黄土高原上的西汉农垦区内。

这些内迁部族虽然不同程度地也有一些农业，但基本上都是以经营畜牧业为主。在畜牧业人口大幅度增加的同时，黄土高原上的农业人口却在急剧减少。根据东汉顺帝永和五年（140 年）的统计，黄土高原地区只剩下了 30 多万汉族人口，与百万畜牧部族相比，显然成了"少数民族"。农、牧两业人口的消长变化，反映在土地利用上，当然是耕地的相应减缩和牧场草地的相应扩展。

黄土高原地区由农业区域向牧业区域的转变，在东汉初期仅仅是一个开始阶段，到东汉末年黄巾起义以后，才进一步完成这一转变。

汉顺帝永和年间（136～141年），东汉政权对于黄土高原沿边地带的统治已摇摇欲坠。虽然又勉强维持了40多年，但到灵帝中平年间（184～189年）内地黄巾大起义爆发后，就再也无力撑持下去了，终于放弃了黄土高原北部的大部分郡县。

由于汉廷与羌胡等游牧族属在黄土高原进行过长期的战争，从而使得本来就有较深隔阂的农、牧业民族之间，产生了极为尖锐的矛盾和严重的对立。在这种情况下，汉族政权一旦撤离，这些务农为生的汉民是根本无法继续居留下去的。于是汉族百姓竞相南奔，出现了"城邑皆空"、"塞下皆空"的局面。当然，所谓"空"，并不是说真的已空无一人，只是汉人逃空而已。经过这一番动荡，黄土高原上的许多地区已经由游牧羌胡多于汉族农夫的局面，进一步变为完全是清一色羌胡的"域外"之地。所以在这以后不到10年的汉献帝初平年间（190～193年），蔡文姬被掳入胡，竟在她所写的《悲愤》诗里，把经过的上郡（治所在今延安）故地说成是"历险阻兮之羌蛮"，把西河郡（治所在今内蒙古准格尔旗境内）故地说成是"人似禽兮食臭腥，言兜离兮状窈停"，已经完全是异族异俗，没有一点儿汉族人居住的景象。

从此以后，黄土高原上的农、牧业区域分界线就后退到了云中山、吕梁山、陕北高原南缘山脉一线，并且维持了相当长一段时期，极少发生变动。在这条界线以东、以南，虽然也夹杂着一部分畜牧业经济区，但总体上是以农耕为主；在这条界线的西侧和北侧，则只有零星的耕地，基本上都是畜牧经济，遍地丰草肥羊，黄土高原又重新着上了绿装。

不管现代人从环境和生态角度怎样痛惜农业垦殖对于黄土高原植被的破坏，但是在过去的历史条件下，农业文明的扩展毕竟是一种历史的进步。东汉以后农耕区的萎缩和游牧业在黄土高原上的扩展，只能是一种暂时的历史现象。从北魏时期起，农耕区域再度迅速向北扩展，铁犁又一次无情地划开了绿野。

北魏时期在今银川平原、无定河、窟野河和蔚汾河一带普遍设置了郡县，说明在这些地区又有了较大比重的农业。此后经历西魏、北周到了隋代，在黄河中游沿边地区和河套地区，总计已有 18 个郡，55 万户人，反映出农耕区域的进一步扩展。

从北魏到隋代，黄土高原上的农耕区域虽然有了较大幅度的扩展，但还未能恢复到西汉时期的规模，它的牧业经济比重一直要比西汉时大得多。

秦与西汉时期，黄土高原上由牧业转变为农业，是通过武力把原来的牧人——戎狄一下子全部赶跑了，然后重新迁入了大批农民，所以由牧到农的转变不仅快，而且也比较彻底。北魏至隋代的牧、农两业转换过程则与秦汉大不相同。在这一时期，黄土高原上原住的游牧民族主要是稽胡人（以匈奴后裔为主体、夹杂有东汉魏晋以来曾经活动于当地的其他部族血统的混合族属），虽然从十六国时期起就又有汉族人迁入这一地区，但规模有限，根本无法与秦汉时期的庞大移民数额相比，与此相应，土著的稽胡也绝无外迁的迹象，一直留在了当地。经过多年的繁衍，稽胡种落繁多，人口遍布各地。所以北魏至隋代黄土高原由牧业向农业的转变，并不像秦汉时代那样是以民族的全面更替为基础，而是伴随着稽胡的汉化而逐渐发生的。这种形式的转化，进程自然是比较缓慢的，而且黄土高原，地域广袤，各地的转化速度也有较大差异。

大约到北魏晚期，大部分稽胡都已经与汉族农民相杂居，转入定居生活，开始掌握农耕技术。但是，耕田种地还不是他们的主要生产活动，畜牧业仍是他们的主要产业。到了隋代，黄土高原南部农牧比重已相当，但北部的牧业比重仍略大于农业。在这种情况下，黄土高原上的植被显然要比秦汉时期少遭受许多破坏，还保存着许多天然植被。

唐代前期（指"安史之乱"以前）黄土高原的耕地面积与隋代大体相当，也是在以农业为主的前提下保存有较多的畜牧业经济，特别是朝廷在这一带设置了许多牧监、牧坊，畜养马匹，占去了许多土地。唐代后期，官府牧监大部分都已废弃，残存下来的少数牧监也规模很小，占地有限，原来的大片牧场草地，大多都被耕垦为农田，仅此一项，就增多了许多耕地。同时，日益剧烈的土地兼并，迫使许多农民逃到黄土高原的荒山野地之中，私自垦荒谋生。对于这种垦荒的农民，政府为了安抚民心，增辟税源，规定 5 年之内不收税，满 5 年之后再去征敛。政府有政府的打算，农民则有农民的对策：在免税期限内，他们努力垦殖；一俟期满，则又弃田外逃，另辟新荒。这样一逃再逃，对于自然植被的破坏比正常的农田耕作要严重得多。总之，就农牧业的比重而言，到了唐代后期，黄土高原上的大部分地区已由以农为主农牧兼营，变成为几乎是单纯的农业种植区了。

五代以后，黄土高原上的土地垦殖量进一步增大，特别是宋代边防驻军的屯垦，对于自然植被造成了严重的破坏。

北宋王朝，外患深重，北面与辽对峙，西面则与西夏相对峙。黄土高原一直是宋夏双方争战的疆场，北宋王朝曾将大量军队布防在这里。这一时期，黄土高原地区的人口数量并不比前代多，但军队的数量却超出以前各代，至今，在陕北、陇东地区宋夏当年的边防线上，仍随处可见宋军堡寨的遗迹。据研究，北宋王朝屯驻在宋夏边境地带的军队总数达 40 万人左右。这支庞大军队所需要的巨额军粮，仅靠远途运输来解决是很困难的，因此不得不屯田自给。

北宋在黄土高原上的屯垦活动，在神宗皇帝以前就已经具有较大规模。熙宁七年（1074 年），神宗皇帝发布诏令，督责沿边地带的军政官员，进一步垦荒拓殖，于是新辟的土地遍布沿边各州。

北宋军队所垦殖的土地，主要集中在边界地区的宋夏交通通道上，即延河、无定河、马莲河、渭河上游等河川谷地。河川谷地内自然条件比较优越，收成较高，土地开垦对于环境的破坏相对也要小一些。但是，宋代所开垦的土地不仅仅局限于河川谷地，黄土高原上和山坡梁坎上也开垦种植了不少土地。宋军的堡寨遗址就有许多分布在坡梁上，在其附近必然要耕垦相当一部分农田。在原上和坡梁地上开荒种地，必然要造成严重的水土流失。因此，北宋的大规模屯垦，对于黄土高原生态环境的进一步恶化，起到了至关重要的作用。

宋夏双方在陕北、陇东黄土高原上对峙，宋朝一方积极屯垦，夏国一方也致力于农田的开发，以增强对抗的实力。譬如陕北无定河流域，农业十分兴盛，成为西夏的一个主要粮食产区，被西夏人视为国家赖以生存的基础。

在晋北黄土高原上，宋军与辽军相互对峙，双方也同样积极屯垦土地，积蓄力量。因此，完全可以肯定，在北宋、辽、西夏时期，陕北、陇东、晋北黄土高原都已成为农业经济大于牧业经济的农业区域，只是与内地农区相比，它的牧业经济比重还要高出许多，因此也就相应的保持相当一部分绿色的自然植被。

金元两个朝代，黄土高原上的农业经济都有所萎缩，牧区有所扩展，特别是在元代初年，许多地区被列为安西王的封地，成为以畜牧业为主的小区域。但是就整个黄土高原而言，显然基本上保持了北宋以来的农田垦殖成果。例如元世祖末年，安西王侵并邻近

牧地的农田，侍御史郑制宜一次就复查出被侵占的
"世业"（意即"祖传"）农田 30 万顷，可见在诸王牧
地之外，还是以农田为主。除了这种"世业"田地之
外，金、元两朝也与北宋王朝一样，在沿边地带积极
推行屯田，开垦抛荒或从未开垦过的荒地，促进了黄
土高原地区的农田开发。总之，在这一时期，黄土高
原上的农业经济成分仍大于牧业经济成分，农田多于
牧地。

如果说金、元两朝黄土高原上的垦殖活动较之唐
宋稍有减退的话，那么进入明清时期以后，这一地区
的农垦活动则不仅恢复到了唐宋时期的水平，而且还
有了更大的发展。

明代修筑的长城，是现今留存下来最多、保存最
为完好的古长城。这条长城，正好通过黄土高原的北
缘。这是因为，元代黄土高原上尽管有较大比重的畜
牧业经济，但总体上还应属于农业区域，明朝修筑长
城，就是要保护该线以南的农业区域不受北部游牧部
族的袭扰。从这一意义上来看，明代的长城，起码在
黄土高原这一段上，完全可以看做是当时的农牧业区
域分界线。这条界线就是现在一般地图上所标绘的长
城。

明代初年，长城一线以内在以经营农业为主的前
提下，还存在一定数量的畜牧业经济，因此也就有许
多天然牧场。除了放牧牲畜所占用的草地之外，由于
人口密度小，"土旷人稀"，免不了还有大量的荒闲草
地或林地，有待于开发利用。通过明、清两代的持续

开垦，除了很小一部分山区林地之外，绝大部分自然植被都已被农田所取代，绿野消失殆尽，景象彻底改观。

明代对于黄土高原的垦殖，除了民间自发开垦之外，官府也采取了军屯、商屯等措施。军屯由边地的驻军进行，这与前代的情形相同。商屯则是利用政府所控制的盐业专卖权，诱使盐商出资，在邻近边界的地区雇人开垦荒地，把收获的粮草缴纳给当地驻军，然后按纳粮的多寡，到官府去领取相应份额的"盐引"，凭这种"盐引"到盐产地去取盐，再到指定地区去贩卖。

明代在长城一线设有9个边镇，分段布防，9镇中有大同、山西、榆林、宁夏、固原5镇设在黄土高原及其附近地区，共领兵27万多人。为解决这些军队的粮草供应，从明初起，就普遍实行屯田。明代规定，屯田军士"每军种田五十亩为一分。又或百亩、或七十亩、或三十亩、二十亩不等"。黄土高原缘边5镇的屯田，大多在100亩上下，最多的200亩，个别少的地方为50亩。仅此一项，明代在黄土高原上所开垦的土地数额就已相当惊人。

古代贩卖食盐获利极丰，因此盐商们对于商屯一事是极为热心的，可以用"趋之若鹜"这句成语来形容。从明太祖洪武年间（1368～1398年）起，商屯就与军屯同时兴起，到孝宗弘治五年（1492年）始告一段落，改由盐商向国库交纳银两，不再出资雇人屯种田地。到弘治时，商屯事业已持续一百多年，所开垦出的土地数额可想而知。

明代的垦殖成果，全部被清代所继承下来。清廷不再以长城一线为边界，因此也无需再屯驻军队，但是明代军队所设置的卫、所、堡、寨和屯地，却都被改设为县、镇、乡、村，说明当地的农业经济已经十分稳固，并没有因军队的撤出而发生改变。不仅如此，清代又继续开垦了明朝人遗留下来的未垦荒地，以致在康熙年间条件稍好的宜耕荒地已都被开垦殆尽，开始有人从陕北等地流出长城口外，去开拓新的土地。到清代中后期，晋北、陕北黄土高原上的人口，更是大批涌出口外，开垦蒙古王公的草场牧地，说明黄土高原上人口超过了土地的负载能力，已无地可垦。

从秦汉时向黄土高原强行迁徙人口屯垦戍边，到清代黄土高原上的居民自然外流，反映出这里的土地利用状况已经发生了根本性的改变，从社会历史进化的角度来看，这当然是历史性的进步。但是，对于黄河来说，黄土高原的过度开垦，却是一项难以弥补的千古憾事。

3 淤塞的湖泊

历史时期，黄河下游曾存在许多湖泊，星罗棋布，与今天的江南水乡略相仿佛。其中水域面积较大的湖泊，在今山东省境内有大野（有时写作"巨野"）泽、雷夏泽和菏泽；在今河南省境内有荥泽、圃田泽和孟诸泽；在今河北省南部有大陆泽。规模较小的水泊，当然无计其数。

由于黄河泛滥，把大量泥沙淤积到这些湖泊当中，使得大小湖泊渐次埋塞，最终大多被淤为平地了。

黄河的含沙量随着人为侵蚀的增强而加大，因而湖泊的淤塞速度也随着黄土高原农田开垦量的增长而递增。在 6 世纪初，北魏著名地理学家郦道元撰写《水经注》一书时，黄河下游的湖泊还相当繁多，仅太行山以东就不下四五十个，黄河南岸，较大一些的湖泊也有 140 个左右，说明当时泥沙的淤积还并不十分严重。

（1）大陆泽。在今黄河以北，古代最大的湖泊是大陆泽。

大陆泽很早就见于记载，"知名度"很高。它的范围大致在今河北省巨鹿、宁晋、束鹿、深县诸县之间，水域相当辽阔。远在春秋战国时期，黄河就曾流经泽中，淤积了许多泥沙。11 ~ 12 世纪，黄河由今河北大名、馆陶诸县向东北流，河道就通过大陆泽附近，黄河泛滥决口，还会向湖泊中灌注泥沙。

到 19 世纪末期，经过不断填淤，古代的大陆泽只剩下了两个很小的湖泊，一个叫宁晋泊，另一个虽然还沿用着大陆泽的名称，但水域之广狭，已有霄壤之别。时至今日，就是这两个小湖，也早已不见踪迹，旧日湖面所在的几个县，已是一片平地。

其实大陆泽的最后淤平是由漳河、滹沱河等河流造成的。漳河和滹沱河等河流早先都是黄河的支流，所以都与黄河密不可分。况且这些河流源出于太行山西侧的黄土高原，其含沙量之高以及与黄土高原农田垦殖的关系，与黄河干流也完全一致。

1964 年，在宁晋县南面的北鱼发现了一通明代天启年间（1621～1627 年）的石碑，被湮埋在地下很深的地方，用它可以作为一个例证，说明河水泛滥淤积泥沙的速度。该碑高 2.4 米，不仅碑身全被埋没，而且碑顶距地面还有 80 厘米。很显然，从天启年间立碑时起，在这里已淤积起 3 米多高的土层。

（2）大野泽。在今黄河以南，有和大陆泽相差无几的大野泽。

大野泽的故地在今山东省的西南部，即今巨野、嘉祥、汶上、东平、寿张、郓城、菏泽、定陶诸县之间，其核心区域梁山县的绝大部分就曾经长期淹没在水中。

从汉武帝元光三年（公元前 132 年）起，历史上多次出现过黄河灌注大野泽的记载。河水溢入大野泽，有时会使湖泊水面扩大，有时又会因泥沙的沉积而淤浅乃至堙塞湖面。

公元 3 世纪后期，湖面还很狭小，仅在巨野县东北占有部分地域。到 5 世纪中叶，湖面有了较大扩展，6 世纪初则已向北扩展到了梁山南麓。至 9 世纪初，水面进一步扩展，梁山已沦为湖心岛屿，于是后世又称大野泽为梁山泊，就是《水浒传》中宋江等 108 条好汉的山寨。《水浒》中描述梁山泊水面有八百华里之广，并不算夸张，与当时的情况是基本相符的。

宋代以后，大野泽逐渐淤塞，因为黄河的泛滥越来越频繁，河水淤下的泥沙也越来越多。元顺帝至正四年（1344年），黄河又一次挟带着大量泥沙涌入泽中，水去沙沉，湖面被大部分淤平，只剩下一小块湖泊，一直残存到清代前期，但最后还是没有能延续下来。今梁山县南有个地方叫金线岭，前些年当地居民凿井时，曾在19米深的地下发现了莲子。专家们通过研究认定，这些莲子就是在至正四年黄河灌注湖中以后因泥沙沉淤而深埋在地下的。也就是说，六百年来，由于黄河泛滥，泥沙淤积，这里已经淤高了19米。

水面浩渺的大陆泽和大野泽都要被黄河淤为平地，其他较小的湖泊自然也就难逃厄运了。

（3）圃田泽。圃田泽位于今河南中牟县，距离黄河很近，因而也更容易受到影响。南北朝时，这个湖泊东西40华里左右，南北20华里上下，到清乾隆年间则已成为一片浅沼，后来就淤为平地了。

（4）雷夏泽。今山东菏泽北面的古雷夏泽，比圃田泽还要小一些，南北朝时为东西20多华里，南北15华里，大致在宋代就已经被泥沙所淤平。

（5）菏泽。在雷夏泽南侧还有过一个菏泽，是由古济水引出的菏水所流经的湖泊，战国时期相当有名。由于菏水和济水先后受黄河泛滥的影响而绝流湮没，菏泽也随之积淀成陆。

（6）荥泽。济水是从黄河分出的岔流，就在济水分离黄河的水口处附近，古代还有一个荥泽，水面虽然不算很大，但见于《尚书·禹贡》的记载，在历史上十分著名，可是早在公元1世纪初期它就被无情的泥沙所掩覆到了地下。

（7）孟诸泽。面积较大的一个湖泊，位于河南商丘、虞城两县的北面。在唐代，这个湖泊周围犹有 50 多华里，可宋代以后逐渐淤浅填平。

上面举述的只是古代黄河下游无数湖泊中比较著名和水域较大的几处，其他一些比较小的湖泊，有的还能找到旧日的处所，有的则已根本找不到任何踪影了。时至今日，人们只能依据历史文献的记载，来依稀想象当年水乡泽国的旧观。

4 湮没的城池

黄河浊流，滚滚的泥沙，淤平许多烟波浩渺的湖泊，也湮没了无数城镇乡聚。随着黄河的一次次泛滥，水去沙积，一座座城池就逐渐被埋到了地下。

提起被掩埋的城市，人们自然都会想到意大利的庞贝古城，一次火山的突然喷发，把这座古城一下子埋到了地下。但是你可曾知道，黄河的泥沙也可以在一夜之间把一座城市埋没，河北的巨鹿古城就遭受了这样的劫难。

巨鹿古城位于今河北省南部。春秋战国期间，黄河流经太行山东麓时，这座城池就距离黄河不远了。只因当时黄河没有严重泛滥到这里，所以城市没有受到多大影响。北宋黄河北流一支，重又流经这里。这时黄河泥沙含量已经有所增加，水临城下，一旦决口泛滥，难免造成灭顶之灾。宋徽宗大观二年（1108

年），灾难来临了，混浊的黄河水，几乎是在顷刻之间灌满了全城，洪水过后，有些低洼处的房屋已被淤泥埋在了地下。以后又多次经历黄河和附近漳河的泛滥，整座巨鹿城就都被泥沙所掩埋了。1919 年，有人在这里挖井，这才发现这座沉埋在地下的古城。近年仍陆续有人在 6 米多深的地下挖掘出宋代的瓷器和房屋遗址。在一处房屋残迹里面，桌上摆放着盛放食物的器皿，桌旁则圈围着 4 具人骨。可以看出，当时这些人正在进餐，由于洪水来势迅猛，来不及逃避，因而一同被淹殁在室内，并当即被泥沙埋到了地下。

开封是战国时魏国的都城，名为大梁。大梁故城在今开封城西北部。秦吞灭魏国时，曾以水代兵，放黄河水灌城，这是开封城见于记载的首次遭黄河水淹。淹灌之后，大梁城成了一片废墟，当然也免不了要沉淤下许多泥沙。

大梁城本来是一个十分繁华的都会，遭此劫难之后，一蹶不振，直到五代和北宋时期，才又发展成为全国性的中心城市，重现了旧日的盛况。但黄河就像一把利剑悬在开封城头，时时威胁着它的发展。南宋末年，宋军北上，收复开封，而蒙古军队则同时南下，与宋军争夺开封。攻城不下，蒙军在开封城北掘开黄河，放水冲淹，结果宋军弃城逃遁，开封又遭受了一次洪水的劫难。从此以后，开封附近河患频频，城池多次受到淹灌，其中尤以明崇祯末年的一次最为严重。

崇祯末年，李自成率农民军连续 3 次围攻开封城，想要攻占这一战略重镇并擒拿驻在城中的周王。最后一次攻城是在崇祯十五年（1642年）四月至九月，农民军号称百万，把开封城四面团团围住，志在必克；城中也有军民百万，拼死抵抗。围城持续6个月之久，城中存粮告罄，居民多被饿死，米贵如珠，人称"一马千金"，"升粟万钱"，甚至以人肉为食，但仍旧顽抗不降。最后兵疲力困的双方同时想到了要利用黄河水来淹毙对方，各自派人挑开了一处河堤，正赶上天下大雨，河水暴涨，两处同时溃决，结果黄河水从北门涌入城内，再从东南门泄出，注入涡水。城中除周王及2万多名官员军兵之外，大多居民都被淹毙，城外的农民军也被湮没1万多人。

当河水冲入城垣时，城内水深数丈，除了钟鼓楼、周王府城、延庆观等建筑外，大部分民居都被淹没到水下，只有个别高大的宫殿、寺院、衙署能稍稍露出一部分屋脊。洪水所挟带的大量泥沙，在大水过后都沉积到城垣里面，湮没了大部分城区。如著名的开封铁塔，在水退后掘地一丈多深，才看到过去的塔基。时至六七十年之后，在城中掘地一丈多深时，还可发现当年的屋顶。当时城墙也由于泥沙内外堆积，显得十分低矮，以至20年后只得又在旧城基上加筑新城。根据上述情况，这次大水之后，城中淤积的黄土至少要在4～9米。

清道光二十一年至二十三年（1841～1843年），开封城又连续3年遭遇洪水，再次受到严重的冲淹。铁塔和相国寺都建在城内比较高敞的地方，但也未能免于灾患。铁塔的塔基被淤积到地下，最下一层的塔门槛竟与地面一平，还不如普通民居的门户。相国寺内淤沙也很厚，连大雄宝殿的丹墀也仅剩下一层石阶，高不足一尺，与高巍方桷极不相侔。又如著名的开封繁塔，建在繁台之上，而这个繁台则是一处十分有名的高阜。明崇祯十五年（1642 年）洪水灌城之后，繁台前面尚高出平地二三尺，台后面高两丈多，东西、南北两侧延袤各百余步。可是就这一点仅存的残迹，也被道光年间的洪水淤为平地。繁台东北一百多步开外有禹王台，现已辟为公园。清代初年，禹王台还有三丈多高，道光年间同样受到泥沙的淤积，仅存一丈五尺左右，淤平了一半。大致来说，经过崇祯末年和道光年间的几次大洪水之后，开封城内的泥沙堆积厚度 7～15 米，而城外的厚度还要超过这个数字。

开封市东 45 公里处的兰考县，也曾被黄河淤积掩埋过一座古城。这座古城是东昏城，在兰考县东北，原高二丈五尺，折合成公制将近 8 米。元顺帝至正十七年（1357 年），黄河泛滥，冲毁了这座城垣。到明嘉靖年间（1522～1566 年），整个古城就都已被泥沙掩埋到了地下。

山东定陶是一座历史十分悠久的古城，春秋战国时称作"陶"，有"天下之中"的美誉，是当时最著名的经济都会之一。这座城池在今定陶县城西北 4 华里的地下深处，现在的城区则是在明洪武初年重新兴建的。前些年在定陶开挖河道，从地下 5 米深处发现了旧城东南角的城砖。在旧城址附近有个地名叫塔列坡，因为这儿过去是一座叫做宝乘塔院的佛寺而得名。

这所寺院和寺塔始建于隋文帝仁寿二年（602年）。后来黄河决口泛滥，塔被冲毁淤没。近年塔基已被挖出，在地下8米深处。按塔基的埋藏深度来推算，发现城墙砖的地方距城基起码还要有3米深。定陶城被黄河泥沙沉埋到地下8米深处，主要受害于元文宗至顺二年（1331年）的一场大洪水。当时黄河泛滥，湮没了整座城市。

类似的情况还可以举出今山东巨野县境内的昌邑古城和巨野古城。

昌邑古城是西汉山阳郡昌邑县城，在今巨野县南前、后昌邑村。前些年在这里开挖河道，在4米深处挖掘到昌邑古城东北城角的础石，同时还发现了一大批文物，都在地下四五米处。清初的地方志中还记述着这座古城的大小规模，说明城址是在清代被彻底湮没的。

现在的巨野县城是元顺帝至正六年（1346年）设定的，城内有一座古塔，名为永丰塔，是隋唐时期的建筑。明代黄河在山东单县决口，洪水淹及巨野城，当时救灾逃难的木船，都在塔身上拴系，至今塔的半腰上还留有不少当年系船用的巨钉，可见水势之大，也已淹没了全城。退水之后的泥沙，在古塔附近淤积了3米左右，厚度相当可观。

在黄河下游平原上，像这样被淤积埋没的古城，不胜枚举。当我们想象滔滔黄河水吞噬整座城市并把它沉埋到地下深处的恐怖情景时，就会容易理解古代黄河岸边的人们送女给"河伯"这个水神时的心理状态了。

5　沉沦的丘冈

　　黄河泛滥冲淤的泥沙，不仅填平了低洼的湖沼、湮没了平地上的城池，还使许多凸起的土丘石冈沉沦为平地。

　　黄河下游虽然是广漠的平原，但在以前却分布有许多小丘低冈，仅见于《春秋》和《左传》记载的就有将近40个。《春秋》和《左传》都不是地理专著，之所以提到这些丘名，只是由于这些丘冈上曾经有过比较重要的历史活动，显然它并没有包括黄河下游所有的丘冈。据战国时期成书的地理名著《禹贡》的叙述，在古代洪水覆盖大地时，人们就都躲在这些隆起的丘冈上，洪水过后，才走下丘冈，到平地上居住。按照这种说法，当然要有许多相应的高地。

　　下面选择一些有代表性的例证，来说明这种地貌的演变和消亡。

　　山东临清县东南近古村的贝丘是这里很有名的一个土丘，汉代在这里设立贝丘县，就是取名于此丘。直到北宋初期，这个土丘还有5丈多高，将近15米。现在这个土丘虽然还没有全部消失，但高度却只剩下1.2米。照此计算，黄河泛滥在贝丘下面所堆积的泥沙至少已有13米多。

　　山东省乐陵县的旧乐陵城和汉贝丘县一样，也是建在一处土丘上。这座古城在今乐陵县西南，过去一直是黄河泛滥影响的地方，到清代初期，城下的土丘

93

还有一丈多高。然而现在已被淤积得与四周一平，看不出凸起的地势。

今山东滨县东北的秦台，南临黄河，是因淤积而埋没丘冈的又一个典型例证。秦台在历史上很有名气，据说秦始皇当年出游东海，曾经登临过这里。北魏时秦台高达 8 丈，即约 18.5 米，可见原本是一个很高的土丘。经过 1500 多年的冲淤堆积，这个秦台现在却只剩下了一两米高，堆积厚度高达 15 米以上，十分惊人。

有些土丘虽然没有具体的高度记载，但根据有关文字描述，仍然可以看出被淤埋的状况。如山东定陶县西南有一个陶丘，在战国时代成书的《禹贡》当中就有过记载。按照"陶丘"的地名含义，它是"再成之丘"的意思，也就是说应该有上、下两层堆积而合成一座高丘。可是现在这个陶丘仅仅略微高出周围的平地，不用说见不到两层的形迹，就是一层也已被湮埋殆尽了。

6 伸展的海岸

从黄土高原流下的泥沙，有三分之一左右淤积在下游河道，或者是随着黄河的泛滥而沉淤在黄河下游平原。除此之外，还有三分之二的泥沙则随着河水被冲到河口，排入大海。每年排入大海的泥沙，大约有 10 亿吨。如此巨额的泥沙，并不能都被大海带走，而是在河口海岸附近堆积起来，使河口三角洲不断扩大，海岸不断向外延伸，增加着陆地的面积，这在很大程度上可以说是黄河富含泥沙的一大功绩。

历史时期，黄河河口徙改于渤海与黄海之间，而以注入渤海的时间为久，占 70% 以上。纵观黄河河口三角洲的发育过程，可以概括出如下规律：在河口所在地区，三角洲发展，海岸向外延伸；黄河改道、河口移走之后，原来的三角洲就断绝了泥沙来源，从而在波浪的侵蚀作用下，海岸线后退，海岸由淤泥质转化为沙质，因有利于贝类大量繁殖而逐渐形成贝壳堤；同时在新的河口则又逐渐发育出新的扇形三角洲和淤涨型淤泥海岸。

黄河河口的变迁与黄河下游河道的变迁一样频繁，难以一一列举，其中比较重大的变迁有如下 5 次。

（1）在战国中期修筑黄河大堤以前，黄河下游走过许多条河道，但大致都在今渤海湾西岸注入渤海。筑堤以后，专走《汉书·地理志》记载的那一条下游河道，河口在今河北黄骅以南的羊二庄附近。这是历史上黄河河口第一次大的变迁。

（2）王莽始建国三年（公元 11 年），黄河在魏郡元城以上决口，很久未能堵塞，泛滥 60 年，直到东汉王景治河，筑堤固定新的河道，黄河流经今黄河和马颊河之间，由山东利津附近入海。此后历经魏晋南北朝隋唐直到北宋前期，河口基本上稳定在利津附近。

（3）北宋后期，黄河下游分成两股，一股"北流"，一股"东流"，与此相应，出现了两个河口并存的局面。北宋庆历八年（1048 年），黄河在今河南濮阳东面的商胡埽决口，改道北行，形成"北流"，在今天津市东南的泥沽入海。嘉祐五年（1060年），黄河又在今河南南乐西侧决口，向东分出一支，形成"东流"，在今山东无棣北侧入海。"北流"与"东流"两股河道叠相替代，或并行共存，这可以说是黄河河口的第三次大变迁。

（4）南宋建炎二年（1128年），宋人在今河南滑县西南决堤放水，致使黄河人为改道。从此以后，直到清代中期，黄河下游一直夺淮河入海，河口在今江苏省滨海西南的云梯关附近。

（5）清咸丰五年（1855年），铜瓦厢决口，黄河北徙，回归渤海，河口又移至山东利津附近。

由于河口的不断迁改，海岸也相应的发生着进退消长的变化。至今在渤海湾沿岸至少发现了4道贝壳堤以及与之相联系的古海岸线。这4道贝壳堤分别形成于距今4700～4000年、3800～3000年、2000～1100年和700～500年前，形成越早，越靠近陆地一侧。贝壳堤是在与海岸平行的岸外沙堤基础上形成的，它并不代表河口三角洲海岸在某一阶段延伸的外缘，而是在三角洲向外伸展停止后，海水侵蚀岸线，岸线后退到一定程度后的产物。根据贝壳堤的分布，可以反映出海岸变迁的大致轮廓。

渤海湾西岸最早的两道贝壳堤都是在有文字记录以前形成的，因此现在已不易了解它与黄河河口的对应关系。但有一点可以肯定，当时黄河三角洲也是逐渐向外伸展的，而且在有些地区伸展的海岸已经超出

于贝壳堤外，达到现在的海岸附近，只是由于河口的移动，海岸又被蚀退，缩至古贝壳堤一线。（见图9）

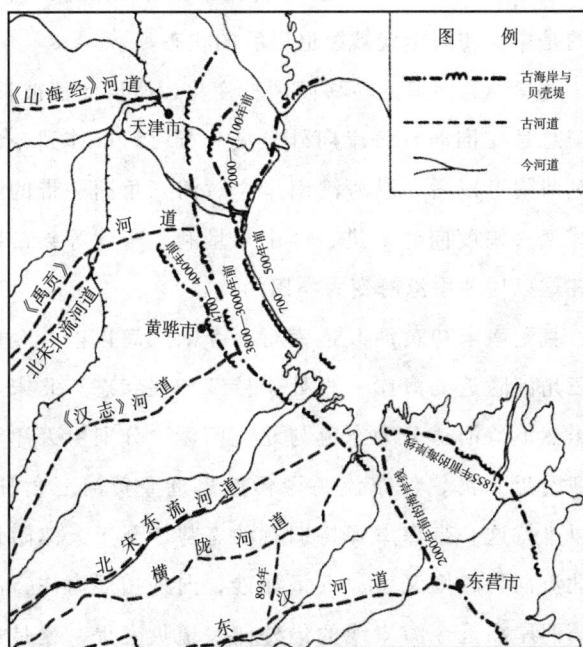

图9　渤海海岸延伸形势图

　　战国中期修筑黄河大堤以后，黄河下游河道被固定下来，在今河北黄骅以南地区入海，致使这里早已形成的两道古贝壳堤遭受破坏或被埋藏到河口三角洲下，并且随着河口三角洲的发育和入海泥沙的增加，在贝壳堤以外又堆积形成新的海岸。

　　经东汉王景治河，黄河改由今山东利津附近入海。河口徙走以后，渤海湾西岸减少了泥沙来源，海岸受到波浪侵蚀的作用，由外涨转化为内塌，又从淤泥质

97

海岸转化为沙质海岸。由于海水澄清，贝类大量繁殖，在激岸浪的作用下，海岸就又发育形成贝壳堤。这就是在距今 2000～1100 年前形成的那一条贝壳堤，它反映的是东汉初海岸线被蚀退以后的状态。

海岸随着河口的转移而消长变化，所以此消彼长，黄河总是在推动着海岸向外延展。黄河河口移到今山东利津附近以后，渤海湾南岸今黄河三角洲一带的海岸线又大幅度向外推进，今山东垦利、东营等县市都是在这以后才由沧海变为桑田的。

直到南宋初黄河改道南行，夺淮入海以前，今黄河三角洲附近的海岸一直处于持续伸展状态。北宋后期虽然下游河道分为东流与北流两派，分别由天津和无棣附近入海，但东流一派仍然靠近今黄河三角洲，足以维持这一带海岸保持旧有的态势。至于天津附近的北流河口，则又排放大量泥沙，向外拓展海岸，渤海湾西岸靠近今海岸线的最外侧一道贝壳堤，就是这次海岸外延被海水蚀退后所留下的标志。

南宋初黄河改道南行，夺淮入海，渤海岸边因黄河三角洲向外伸延而生成的新岸，都不同程度地有所退缩，但是在今苏北黄海海岸，黄河入淮河后在旧淮河口所形成的河口三角洲，又不断向外伸展，迅速拓展附近的海岸。

在苏北黄海海岸也发现了几道贝壳堤和古海岸线，分别反映了几个比较长时期内稳定的海岸位置。

最西侧的一条贝壳堤可以代表 5500～6500 年前的古海岸线，它经由今江苏灌云、灌南、龙岗、大岗等地，走向与今海岸线大致平行。由于淮河和当地其他河流也有泥沙堆积，所以在黄河流入以前，这里的海岸也是在不断向外增长，不过速度相当慢。苏北平原上有一条很有名的范公堤，是北宋天圣二年（1024年）到天圣六年（1028年）期间，由范仲淹建议修筑的，用来捍御海潮。这道长堤通过今江苏北沙、阜宁、盐城、东台等地，现已距离海岸很远，但伴着这道堤有一条叫做东岗的长冈，是距今3800年前后形成的贝壳沙堤，这说明在黄河南徙以前的三千年内，苏北海岸相当稳定，基本稳定在东岗亦即范公堤一线。（见图10）

建炎二年（1128年），黄河南侵，带来了丰富的泥沙。不过在最初几个世纪，黄河分别由颍、涡、睢、

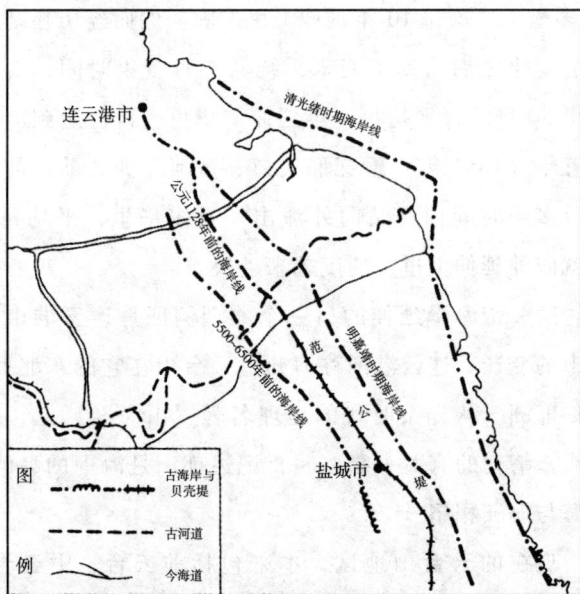

图10　黄海海岸延伸形势图

99

泗几条河道入淮，水势因分流而减弱，泥沙在河道中的淤积量大为增加，加之汛期经常泛滥，又把大量泥沙淤散到沿程洼地里，所以入海泥沙量不大，河口海岸的伸延并不太快，因而直到 14 世纪末，海岸仍没有到达今江苏响水、滨海、南洋、四灶、大丰一线。因为在这一线有一道叫做"新岗"的沙堤，是古海岸线的残留物，这时，延伸后的海岸尚未在此形成。

明嘉靖年间（1522～1566 年）后，全河由泗入淮，入海泥沙激增，海岸的外涨大为加速。以盐城为例，据记载，盐城就在范公堤内，唐宋以前一直濒临大海，到明宣宗宣德年间（1426～1435 年），黄河入淮已有三百年时间，可是海岸仅越过范公堤向外涨出30 多里，平均每 10 年延伸 1 里左右。然而经历嘉靖年间的变化之后，到了明末，统共二百多年时间，就又涨出 50 华里，平均每 4 年延伸 1 华里。再往后到清咸丰五年（1855 年）铜瓦厢决口、黄河北徙之前，前后二百多年时间内，又向外涨出一百多华里，平均每 2 年就向外延伸 1 里，速度越来越快。

这一带海岸延伸的另一个典型例证是连云港市云台山的变迁。连云港旧称海州，云台山在它的东北面，旧称郁洲。从先秦时代的地理名著《山海经》起，直到明末清初的有关书籍，一直记述郁洲是海中的岛屿，隔海与海洲相望。

现在的云台山地区，本来包括前云台、中云台、后云台等大小几个互不相连的岛屿。由于黄河夺淮入海口处汇聚的泥沙，不断被海流沿岸向北推移，致使这里的海岸也逐渐向外伸展，最后与这些岛屿连成一片，也就变岛为陆了。

由于距离河口已经比较远，这里的海岸外涨相对来说也就要晚许多年。康熙前期，云台山仍就孤立于大海之中，从康熙后期到道光年间，淤积速度加快，云台山附近的大部分岛屿都先后与大陆相连，由海岛变成了海岸。

黄河排入黄海的大量泥沙，不仅沿岸北移，在沿岸海流的作用下，它也向南扩散，使岸外沙洲淤长，并逐渐并滩成陆，使海岸线节节向东推进。

清咸丰五年（1855年），黄河在铜瓦厢决口北徙，重又由山东利津附近流入渤海，苏北海岸断绝了向外伸展的物质基础，基本上中止了淤长状态，而呈现出侵蚀后退的趋势。特别是原来的河口三角洲突出海中，波浪侵蚀作用十分强烈，致使岸线明显后退。100多年来，海岸后退已将近40里。在三角洲海岸后退的同时，海水又把大量蚀掉的泥沙分别输送到苏北南段海岸和海州湾沿岸，促使这些地段的海岸继续向外淤涨。

黄河北入渤海以后，河口三角洲又重新向外伸展。到目前为止，淤涨最多的地方，已经超出咸丰五年的海岸线70华多里，平均每2年延伸1华里，海岸外涨速度与清代中期相同。

海岸伸展，可以扩大陆地的面积，这在很大程度上说是一件好事。但是如果黄河口一直稳定在现在的位置上，而且也不能减少中游流失的泥沙的话，那么照此淤积速度，很可能用不了太久就会淤平渤海湾和莱州湾，这是必然的发展结果，决非危言耸听。渤海是我国的内海，与黄海不同，淤平海湾弊大于利，因此，还是应当积极控制中游的水土流失，减少泥沙来源。

四　宣房塞兮万福来

　　黄河下游河道的频繁泛滥，给两岸居民带来了巨大的灾难。滚滚浊流，就像一个疯狂的妖魔，往往在顷刻之间就把无数生灵财富吞噬得无影无踪。面对如此凶险的河流，在社会生产力还很低下的远古时代，人们不能不对其产生一种神秘的敬畏，于是从很早就有了对于水神"河伯"的盲目崇拜。

　　按照古代的传说，河伯也是一个凡人，名叫冯夷，一次在渡黄河时被淹死。可是不知出于什么原因，他死后却被天帝任命为"河伯"，成了掌管河川的天神。"河"字在古代本来是专指黄河的，所以"河伯"最初肯定也只是司掌黄河的水神。也许因为黄河名列天下河川之首，地位重要，后来河伯就成了统管百川的神官。这位河伯不仅不好好管理河川，反而滥用职权，兴风作浪，放出洪水来报复人类，品质极为恶劣。面对洪水的威胁，碍于河伯的权位，人们只能忍气吞声地去奉迎这位恶神。人间的帝王又给他封赠了许多名号，如"金龙大王"、"河伯将军"等等。平民百姓，把河伯的牌位与观世音菩萨等神祇一样供奉在家中，焚香祈祷，希望它能够息波敛浪，给人们以平安。

敬畏河伯，祈求神祇的佑护，这只是古代人们对待黄河水灾的一个方面。另一方面，从远古时代起，我们的祖先就对黄河展开了积极的治理，甚至也有人公然戏弄河伯，在肆虐的洪水面前，展现了人类充满自信的一面。这位敢于蔑视神祇的勇士，就是战国时期的邺县县令西门豹。

传说河伯生性放荡，虽说娶了美丽的宓妃——就是曹植在《洛神赋》中所描写的洛神（她是司掌洛水的女神）做妻子，但仍旧到处寻花问柳，每年都要娶一位新的妇人。战国时的邺县在今河南省临漳县境，北临黄河的支流漳水，县里的三老、廷掾与女巫假托"河伯娶妇"，每年都要强行挑选一名美貌的少女沉入河里，作为送给河伯的新妇，以愚弄人民，榨取钱财。西门豹出任县令后，要在当地兴修水利。为了打破人们对于河伯的崇信，为民除害，利用"河伯娶妇"这一机会，故意说为河伯选的新人长得不好，于是把女巫扔到水里，让她去给河伯通报，改日换个更漂亮的女人送来。女巫当然一去不再复返，于是再扔进去另一位女巫去通报消息，这样接二连三地把三老和几位女巫都扔到了河心。邺地的官吏、豪绅们都很惊恐，从此以后，再也没人给河伯娶妇了。人们也看到了河伯未必有什么灵验，结果西门豹很快就建成了引水灌溉工程，对促进当地农业生产的发展，起到了重要作用。

在治理黄河，与黄河水害作斗争这一方面，几千年来我们的一代代祖先做出了巨大的努力，取得了举世赞叹的伟大成就。这些成就，都已成为我们民族优秀的文化遗产，其中有些对于当前乃至今后进一步根治黄河水害，仍然具有重要借鉴意义。

1 大禹治水的传说与疏、障两种治河方略

大禹治水的故事发生在距今四千年之前。当时我国已经进入了发达的锄耕农业阶段，在黄河下游居住有很多氏族部落。人们在距离河流湖泊不太远，但也不十分靠近的地方定居下来，因为他们既离不开水源又要防范洪水的危害。但在这样的地方只能躲开平常年份的水灾，一旦遇到较大的洪水，还是无法避免受灾。

相传在尧、舜、禹时代，黄河流域就连续出现过特大洪水。洪水淹没了广大的平原，包围了丘陵和山冈。洪水所到之处，聚落被毁，人畜伤亡，造成了深重的灾难。更为严重的是大水终年不退，人们被困在丘陵高地上，农业和其他各种生产都难以进行，令人困苦不堪。于是，如何消除这场水灾就成了当时整个社会的头等大事。

面对浩浩荡荡的大水，当时各有关部落的首领曾聚集在一起，召开了一次部落联盟议事会议。会议决定由禹的父亲鲧负责主持治水的艰巨工程。

鲧是一位肯于吃苦、敢于承担责任的实干家，接

受委派之后，就督率各部落民众，展开了紧张的治水工程。

鲧治水的干劲很大，但采用的方法却并不完全妥当。在鲧治理洪水之前，人们已经采取修筑堤埂的工程措施来防御水害。但当时的堤埂与后世的河堤有很大不同，它只是把主要的居住区和临近的田地围护起来，规模很小，可以说只能控制受淹面积，而不能防御洪水的泛滥，所以还只是一种"限洪"工程，算不上是"防洪"。鲧沿用了这一方法，想用堤围来拦住洪水，但洪水太大了，第一年加高了的堤埂，第二年就被冲垮，第二年再加高，第三年又被冲垮。然而鲧并不气馁，继续带领民众一次又一次地把被冲垮的堤埂加高培厚，重新修筑起来。但是由于水始终没有退落，尽管鲧付出巨大的努力，还是没有能把人们从洪水的危害中解脱出来，鲧也因此而负咎被贬。

鲧的治水活动虽然没有取得理想的成果，但是他勇于吃苦、敢于负责的精神品质和他为治水而付出的艰辛劳动，一直为后人怀念。夏朝人把鲧看做是他们光荣的祖先，每年都要祭祀；而在黄河治理史上，人们又把鲧所采用的这种筑堤障水法称作"鲧派"方法，并始终未废弃，可以说，至今仍是一种最基本的治河手段。

鲧被贬逐之后，部落会议又推举他的儿子禹来接替他的工作，继续治理洪水。

禹像他的父亲一样勤劳勇敢，但比鲧更富有智慧。鉴于鲧的一次次失败，他认真思索，探寻新的治理办法。为此，他找来了伯益、后稷等许多部落首领做帮手，一同总结以往治水的经验。最后他决定改变鲧的办法，以疏通河道为主要措施，顺着西高东低的地形，打通河水的下泄路径，把积水导入大海。

治河方略确定之后，禹就像他父亲一样，手执工具，督率民众，投入到了紧张的治河工程当中。在禹的直接规划和亲自带领下，经过 10 年左右的时间，终于使河道畅通，洪水下泄，平息了这场水患。人们从丘陵高地上走了下来，重新回到平原上原来的居住地，恢复了旧日的生产和正常的生活。

为了治水，禹付出了巨大的劳动，他曾经三过家门而不入。治水的成功，使得人们对他尊崇备至，把他的事迹编成歌曲，广为传颂。人们唱道："洪水茫茫，禹敷下土方"，称颂"禹有功，抑下洪……傅土平天下"。在治黄史上，人们则把禹这种以疏导为主的方法称之为"禹派"。

"禹派"与"鲧派"，疏导与壅障，作为一种治河的总体方略来说，可以互为主次；但是作为具体的治河措施来说，则必须相互配合，才能奏效。

在鲧及其以前的时代，大概只是单纯地壅障，用堤埂来"限洪"，不用或很少用疏导的办法。但是大禹治水，也不是单纯的疏导，配合疏导，也采用筑堤障蔽的手段。这不仅有先秦的记载可资证明，而且从事物发展的一般规律上来看，也是如此。因为禹的方法是鉴于鲧单纯壅障未能奏效的教训而总结出来的，他不可能把过去行之多年的治水措施全部抛开不用，只能是在此基础上提出新的措施。特别是在开始治水的时候，为了保护生产和生活的进行，必然要依赖堤埂。战国时写成的《淮南子》一书，在追述大禹治水的功绩时说，"禹之时天下大雨，禹令民聚土积薪，择丘陵而处之"，讲的就是当时人们躲到丘陵高地上避水，又用土木修筑堤埂来阻遏水浸的情形。

大禹治水的传说，在治河史上处于这样一个阶段：在它以前，人们对付洪水主要依靠堤埂；而在它以后的春秋战国时代，又演变为以系统堤防作为防洪的主要手段。以鲧为代表的堤埂壅障法，虽然可以比较安全地守护住自己的家园，但是解决不了大范围的水害，当人们的生产、生活空间扩展到一定范围以后，就难以有效地防范洪水侵害了。禹所采用的疏导办法，比鲧的壅障法显然前进了一大步，它可以照顾到更大的范围。从"障"到"疏"，这是治河方略上的第一次重要发展。但"疏"是在"障"的基础上发展起来的，"疏"并不等于抛弃"障"。后来在"疏"的基础上人们又发展了系统的河岸堤防，实现了由限洪到防洪的飞跃，从而使堤防成为主要的防洪手段，这是治河方略上的第二次重要发展。"堤"是"障"的更高一级的循环，使壅障法由防护局部地点不受洪水淹浸，发展成为阻遏河水出槽泛滥。这种更为完善的壅障法最后又理所当然地在治河方略中占据了主导地位。

作为具体的工程措施，后世在以堤防为主的前提下，往往也并用疏浚的办法，特别是在河水改道漫流时期，要想使其归入稳定的河道，更要依赖疏浚的办法。当然，在河道比较稳定的情况下，常常是没人去专门疏浚的。下面以元代贾鲁治河为例，来看一看后世疏障并用的治河工程。

从金代开始，一直延续到元代前期，黄河下游长期没有一条固定的河道，往往在决口以后，或夺天然河道，或平地漫流而行，堤防残破，分支频多，变迁紊乱。元成宗大德年间（1297～1307年），逐渐形成以东南于徐州入泗水的汴道为正流的格局。

到了元泰定年间（1324～1327年），又在汴道以北出现了不止一条新道，但直到顺帝至元年间（1335～1340年），仍然以汴道为正流。元顺帝至正三年（1343年）五月，河决曹州白茅口（今曹县西北白茅集）。四年正月，河水又决曹州。五月连续大雨20余天，河水暴涨，平地水深二丈，北决白茅口。六月又北决金堤，泛滥达7年之久，为害甚大，史称"方数千里，民被其害"。同时水势北侵安山（今山东梁山东北）一带，沿会通河和北清河河道，泛滥于北清河沿岸济南、河间所属州县，造成了极为严重的灾害，最后甚至把济阳县（今山东菏泽）、济宁路治（今山东巨野）两处城邑都湮没殆尽。

白茅决河后，贾鲁先是以山东道宣抚使的身份视察水灾，接着又在至正八年（1348年）出任行都水监，沿河勘查水情，提出了两个解决方案：一是在新决出的北流水道上修筑堤防，固定新的河道，这样做省功省力；二是堵塞决口，强挽河道恢复东流。当时，朝廷上下议论纷纷，但大体上都属于上述两种方案。

最后，丞相脱脱决定采纳贾鲁恢复故道的方案，任用贾鲁为工部尚书兼总治河防使，负责治河工程。

贾鲁受命后于至正十一年（1351 年）四月动工，征发 15 万民夫，调集 2 万军卒，整个用工 17 万人。七月完成水道的疏浚工程，八月逼水进入故道，十一月堤埽工程完毕，堵口功成。

贾鲁能在短短的 7 个月中结束了持续七八年之久的河患，在很大程度上有赖于"疏塞并举"的治河方针。

历史文献中记载，贾鲁治河是疏、浚、塞三者并举，但"浚"实际上也是疏的一种方式，所以还是疏与塞相辅相成。具体地说，"疏"指疏导水流，共有 4 类情况：在没有行水的"生地"，开新道取直；对于故道，使其高低均匀，铲高堙低；对于河身，使其宽窄合理；同时开挖减水河，分流河水。浚指淘挖河床的淤泥，以通畅水路。塞指用堤坝等形式进行拦堵。

在施工过程中，贾鲁是先疏浚而后再堵塞决口。这一点是十分重要的。一般河道决口，往往是由于口门以下河身淤积严重，流水不畅，洪水来时宣泄不及而在上游堤防薄弱处决口。因而若不先行疏浚故道，使之水流通畅，即使费力堵住口门，使河水恢复故道，但再遇到洪峰，仍旧会因无法宣泄而决口。北宋庆历八年（1048 年）河决商胡埽（今河南濮阳东）形成北流以后，几次堵塞决口，挽河东流，都由于事先没有对东流故道进行全面的疏浚，很快就又决而北流，就是很典型的例子。所以，贾鲁在堵口前先疏浚故道，开挖减水河，保证堵口以后，回归故道的水流能够畅行无阻。可以说疏、塞并行，先疏后塞，是贾鲁保证治河取得成功的重要方针。

贾鲁整治后的河道，走向大致与今地图上的淤黄河相差不多（见图11）。这条被重新固定下来的黄河正流，水深岸固，后人用"铜帮铁底"来形容河床的稳固。由于贾鲁采用正确的方针来治理黄河，取得了很大成功，所以后世就把他所整治过的这段河道命名为"贾鲁河"。遗憾的是，在大禹以后像贾鲁这样重视疏浚的人并不多，人们仍旧往往过分依赖堤防，忽视配合以必要的疏浚措施。

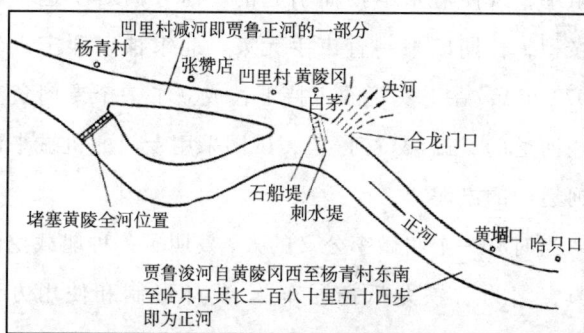

图11　贾鲁治河工程布置示意图

贾鲁在治河史上做出了重大功绩，但在当时，也让广大民众付出了沉重的代价。当时，元朝政权已经腐败不堪，政治上危机四伏。工程开工前一年就有人提出动用一二十万民丁治河有可能酿成动乱，而且河南、河北出现了"石人一只眼，挑动黄河天下反"的童谣，说明一场大规模的民众反抗斗争就要来临，在这时劳扰百姓，必然要加速元朝的灭亡。治河工程开工后，在白茅口附近的黄陵冈果然挖出了一个一只眼的石人，结果四月动工，五月刘福通等就在颍州起义造反。随之河南大乱，以迄于元亡。所以，就元朝政权来说，这次工程成了它倾覆的导火索。明朝有人在一首诗中评价贾鲁治河道："贾鲁修黄河，恩多怨亦多，百年千载后，恩在怨消磨。"其实，历史活动的是非功过，哪一方面都是难以消磨的。

在利用疏浚方法治河方面，宋朝人还做过一件虽然失败了但却很有意义的尝试。黄河不断泛滥乃至改道，在很大程度上是由于泥沙在下游河床中淤积，造成阻塞，致使泄水不畅而引起的。但人们对于这种严重淤积，长期以来一直束手无策。北宋神宗熙宁六年（1073 年），在王安石的主持下，成立了一个专门负责疏浚河道的"疏浚黄河司"，试图采用专门的机械来清除河道中的淤泥。

当时有一个叫做李公义的人，发明了一种船载挖泥工具，名为"铁龙爪扬泥车"。具体形制和使用方法是：制作一个几斤重的铁爪，用绳子拴在船尾上，然后沉到水底，撑船顺流急驶，反复几次，就可以把河底淘深几尺。宦官黄怀信认为这个办法可行，但嫌铁爪太轻，后经王安石同意，由黄怀信和李公义一起研究，改进原来的设计，制出了一种新的工具，称为"浚川杷"。它的具体形制和使用方法是：制作一个宽八尺、齿长二尺的大木杷，上面压上石块，两旁系上大绳，拴在大船的两帮上，而且这样的船不只一艘，要在木杷上下游两侧各设一艘，同样与木杷相连。两艘船上都设有绞车滑轮，相距八十步远，通过来回绞拉木杷，挠荡河底淤积的泥沙，一处淘浚完毕后再移动船位，依次更迭。

从理论上看，这种淘浚工具的设计就有严重缺陷。因为泥沙在黄河下游的大量淤积，是由河水中泥沙含量超过水流的负载力而造成的，在这种情况下，如果不能提高水流的挟沙能力（增大水量或提高流速），即使搅起了沉淤的泥沙，它也很快会在不远的地方积淀下来，不会对浚深河床起到任何作用。所以这次淘浚淤积泥沙的尝试，不可避免地遭到了失败。尽管如此，这种重视清除河床淤积的治河指导思想，这种勇于探索的精神，却是值得充分肯定的。它在近千年前，为我国人民试图以机械力量解决黄河淤积问题开了先声。

2 瓠子决口的堵塞与堵口技术的发展

进入西汉以后，黄河决溢，日见增多。在堵塞决口的工程中，体现出了十分发达的水工技术。以后随着治河经验的积累，以堵口抢险为核心的水工技术也日趋完善。

汉武帝元光三年（公元前132年），黄河在濮阳瓠子堤（今濮阳县西南）决口，河水泛滥于南岸地区。汉武帝当即派人兴工堵口，但是未能成功。当时武安侯田蚡为丞相，他的封邑在黄河北岸的鄃（今山东夏津东），他担心堵塞决口后黄河可能因行水不畅而向北岸决口，冲淹自己的封邑，所以散布"河决天定"的论调，说什么不能强行违背天意去堵塞决口，从而阻挠了正常的堵口工程。

直到 20 多年以后，在元封二年（公元前 109 年）汉武帝才下定了治河的决心，征发数万人堵塞瓠子决口。汉武帝为了显示自己战胜所谓"天意"的决心，还亲临决口，指挥施工，并命令随从官员自将军以下都要搬运柴草，参加施工。

关于这次施工的具体情况，虽然缺乏详细的记载，但是可以清楚堵口的基本方法是首先用大竹杆作"楗"，沿着决口一道道横向排列，插入河底，由疏到密，先使口门水势减弱，再用柴草等物填塞其中，最后在上面压置土石。这种方法很像近代所谓的"桩柴平堵法"。

在汉武帝的直接指挥下，这次堵口工程顺利完工。为了纪念这次"人定胜天"的伟大胜利，汉武帝在堵塞后的决口处修建了一座宫殿，名为"宣房宫"，并情不自禁地歌唱道："瓠子决兮将奈何？浩浩洋洋，虑殚为河……归旧川兮神哉沛……宣房塞兮万福来！"的确，对于在浩浩洪水下受灾的民众来说，堵塞决口，使河流回归故道，实在是天大的福事。正因为如此，人们才不惜投入大量人力物力，一代代地与洪水做着顽强的斗争。

西汉在水工史上还有一项重要的堵口工程，虽然远不如瓠子堵口著名，但它的重要性却足以与之相侔。

汉成帝建始四年（公元前 29 年），黄河在东郡决口，成帝派遣河堤使者王延世主持堵口工程。王延世"以竹落长四丈、大九围，盛以小石，两船夹载而下之"，取得了堵口的成功。所谓"竹落"，就是竹笼。纵长四丈，相当于今 9 米多。"九围"是竹石笼的横向尺度，究竟有多粗，还不太清楚。至于"两船夹载而下之"，则有可能是连船带竹笼一齐沉入决口的意思。分析起来，王延世这次采用竹石笼堵口，很可能是先自口门两端分别向中间进堵，待口门缩窄到一定宽度以后，再用沉船的方法把竹石笼沉下，然后加土使决口塞合。这与瓠子堵口所采用的方法已经截然不同，近似于近代所谓的"立堵法"。

黄河河工堵口，历史相当悠久，早在春秋时期就有了植树积薪以备决水的事情，但是关于堵塞技术的具体记载，上述两次事例应属最早。由这两项事例中可以看出，西汉的黄河堵口，已出现两种不同的堵合方式。一种是瓠子堵口所采用的沿口门竖桩填堵；另一种是东郡塞决所采用的先自两岸向中间进堵，最后沉船合龙。西汉在黄河堵口方面的这些成就，丰富和发展了我国的堵口技术。后来黄河上常用的两种堵口方法，即所谓"平堵"和"立堵"，正是在西汉上述堵口技术的基础上不断改善、提高，逐步发展形成的。

河工堵口，不仅要有可靠的堵塞方法，还必须掌握不同季节的水文变化，以便选择最适当的时机实施堵口工程，确保成功。汉武帝堵塞瓠子决口时选择了一个干旱的年头，黄河水量较小；王延世堵塞东郡决口是在初春，也正是黄河在一年中水位最低的枯水时期。这说明当时人们在堵塞黄河决口时已充分认识到河水丰枯与堵口成败具有密切关联。

西汉形成的堵口技术，在北宋时期得到了较大的发展。堵口技术发展的基础是产生了埽工技术。

宋代制作"埽"所需要的原料主要有：芰，即芦苇等；梢，即榆柳等树木的枝条；薪柴和竹索、葰索以及土石等。

制作时先打出葰索和竹索。竹索长一丈至十丈不等，根据"埽"的大小而定。然后找一处宽展平坦的场地，名为"埽场"。埽场上密布葰索，上铺梢料，梢芰叠压，再压上土和碎石，最后在中间横置一条大竹索，叫做"心索"，把葰索上平铺着的所有物料卷成一个大捆，心索被卷在捆心，如同轴状，再用大葰索捆紧两头，就制成了一个"埽"，或称"埽捆"、"埽个"。由于这样的埽捆是卷制而成的，所以又称"卷埽"。

宋代出现的卷埽还有另外一种形式，称为"草纴（音rèn）"，也可以把它叫做"草埽"，是用绳缆木桩和薪柴等软料制成，制作方法大致与前述卷埽相同。这种"草纴"主要用于堵合决口。如果是修堤护岸，则另有一种相近的卷埽，也是用软料制成，称为"柃"。

埽工技术广泛应用于河防工程，既可用于堵口，也可以护堤抢险，它还有可以就地取材的优点，制作简便，所以在北宋时期已极为普遍。

北宋黄河堵口时，是预先在口门两侧的坝头上竖立标杆，架设浮桥，以便河工通行。同时，浮桥也可以起到减缓流势的作用。接着在口门的上游打下星桩，抛入树石，以进一步减缓流势。做了上述前期准备之后，就可以从口门两侧分别放入三道草埽，在每道草埽之间再加入两道"土纤"，也就是倒进去土，以堵塞草埽的泄漏。草埽土纤之上则要抛下土石包镇压。这样从两侧进埽后，决口还剩下一窄道"龙门口"，有待最后"合龙"。

"合龙"可以有几种不同方式。一种是急速抛下大量土包土袋，并鸣锣击鼓以壮声威。龙口合拢后在临河迎水一侧放入卷埽，以便压护合龙口，名为"拦头埽"；再修筑压口堤，并堵塞草埽漏水埽眼，最后于迎水处再加卷埽护岸，整个堵口工程即告完结。这种堵口方法，事实上是立堵与平堵相结合的方法。另一种合龙方法是用卷埽填塞龙门口，即把一个长度与堤宽相当、直径与龙门口相当的巨大卷埽，一次放入龙门口，沉入水底，截断水流，然再在上面填土压堤。这种方法合龙迅速，但卷埽太大，龙门口水势太急，一次将其沉入水底，往往比较困难。北宋著名科学家沈括在《梦溪笔谈》一书中介绍过另一种改进了的卷埽合龙法。提出这一办法的是一名水工，叫做高超。高超的改进办法是：把一个长埽等分为 3 节，施工时先在迎水一面放下第一节，这样因埽体较小，比较容易把它压到水底。第一节卷埽放入后，水流虽然不会阻断，但水势已经减去一大半，接着挨着它放下第二节卷埽时，就会更加容易。这时已经可以基本阻断水流，即使还过一点水，也只是小漏，水量已经很小。最后放入的第三节，显然更为方便，塞入龙门口后，马上就可以阻断全部水流。庆历年间有一次黄河决口，用旧方法失败后，采用了高超提出的这种改进办法，取得了成功。显然，这种办法效果很好。

自宋代起，由于黄河决溢日益频繁，所以堵口技术在反复的实践中又有很大提高，元代贾鲁治河时的堵口合龙工程，集中地代表了这一阶段的技术水平。

当时，黄河决口地白茅口的附近，有一个地名叫黄陵冈的，所以，也用"黄陵全河"来指称贾鲁整治前的这一段河道。白茅决口地点正处于黄陵全河的一个弯道弧顶，所以决口后河水直冲而下，口门以下河道基本废弃，全河走入决口。在这种情况下，要想直接堵塞决口，难度极大。为此，贾鲁首先开挖了一条减水河道，因为通过一个叫做凹里村的地方，所以名为凹里村减河。经过这条减水河引导，水流裁弯取直，顺直通过决口，改变正流直接顶冲决口的状况，这条减水河在堵口完成之后，就成了黄河正河。接着，贾鲁又在口门上方修筑了两道刺水堤，用来挑开水流，使其避开决口，走入原来的河道。

上述措施，为减缓水流对决口的冲击，起到了一定作用，应该说设计是十分周全的。但因决口太大，而刺水堤无法修筑得更长，堤短口宽，又正值秋季涨水季节，流势太猛，所以80%左右的河水还是涌入决口，进入旧河道的只有20%左右，效用并不显著。

在这种情况下，贾鲁当机立断，用 27 只大船组成 3 道船堤，每堤 9 只船，长 27 步，用铁锚固定船身，把道船堤连成一体，装满石料同时沉下，船堤后又加上 3 道草帚，加以护持。这种用船堤障水的办法，取得了很好的效果，加长了刺水堤挑水的长度，减轻了水流对龙口的威胁，主流进入旧河道，为堵口合龙奠定了基础。

石船堤障水法是贾鲁在堵口技术上的重大创造。用船堤障水和修筑刺水堤一样，其作用是把主流挑入正河，这与今天的丁坝相当。除了减轻堵口合龙时的水势之外，它还有一个重要作用，就是在决口堵复之前，使正河有足够的流速，不至于因决口堵复时间拖延过长而被淤积。

由于在堵口之前进行了充分的准备，所以尽管水势仍相当可观，贾鲁还是顺利地完成了合龙。白茅口的合龙工程全部使用埽工，没有太多的技术创造，但整个治河工程中还有许多小于白茅口的决口，在堵塞这些决口时，贾鲁却大量使用了沉船填堵法，总共沉下了 90 多艘大船。虽然具体的技术措施没有留下记载，但比西汉时的沉船填堵法肯定有所进步。

明代弘治年间（1488～1505 年），刘大夏在堵合张秋决口时又进一步发展了这种沉船填堵法，改填石料为填土和秸料，以使其不易透气漏水。具体操作办法是：在口门两侧筑台，竖立桩木，联结粗索，串联巨舰，舰上预先留好孔穴，到决口位置以后，去掉孔穴上的栓塞，进水沉船，然后再在沉船上压盖大埽。

堵合后还要在口门处连以石堤，加强防护。

明代堵工技术又有一些具体的改进，主要是除沿用元代已经出现的刺水堤之外，还加强了决口以后、堵合之前对口门坝头的裹护。在合龙时，因水口渐窄，水势渐增，最后留的龙门口，应是"上水口阔，下水口收"，然后用头细尾粗，名为"鼠尾埽"的埽捆来堵塞合龙。这样，下埽之后，可不致滚失。

清代乾隆年间前后，埽工技术出现了显著变化，即一种名为兜缆厢或软厢的埽，逐渐取代了传统的卷埽，嘉庆以后全用这种软厢，卷埽基本上被淘汰不用。

软厢是用一只六七丈长的大船，上面缚上一根五六丈长的楞木，楞木上栓系绳索，绳索的另一头挂在岸上，然后在绳缆上铺放秸柴、压土，逐层叠加，再逐层沉至河底，成为一个整埽体。根据秸料与水流方向的关系，软厢可分为顺厢与丁厢两种，顺厢与水流平行，丁厢则与水流相垂直。

清代中期以后，堵口工程均由卷埽改为顺厢进堵。根据口门的情况，选用单坝或者双坝。单坝适宜于决口较小的地方，较大的决口则需要采用双坝乃至三坝。

三坝是为保护正坝挑溜，在正坝上方亦即临水一侧加修一道上边坝；为巩固正坝坝身，加强抗冲强度，又在正坝下游亦即背水一侧加修一道下边坝。正坝与边坝之间，则分别用淤土填浇，高与坝平。显然，这种堵合办法实质上与宋代十分相似。

双坝是只用下边坝与正坝相配合，不用上边坝。

单坝一般都是从一头进堵，自上坝头（上游方向）

向下坝头推进，俗称"独龙过江"。双坝和三坝则因用于决口较大的地方，所以需要从两端对进，最后在中间合龙。

作为黄河治理工程中最为惊心动魄的关键步骤，堵口合龙技术包含着十分丰富的内容。

8 贾让的治河三策与独流、分流两派

西汉时，由于河患不断，产生了许多治河主张，其中最为著名的是贾让的"治河三策"。

贾让是西汉末年人，哀帝（刘欣，公元前6～前1年在位）初年，应诏上书，提出了自己的治河见解，其中包括上、中、下三策，供哀帝选择。

（1）贾让的上策是主张河流改道。当时黄河下游河床已经淤高，有些地方在涨水时水面高出堤外民屋，成了典型的悬河。在这种情况下，河流溃决改道在很大程度上可以说是不可避免的，两汉之际的决口改道也完全证实了这一点。因此人为改道的设想可以说是基于对黄河河患根本原因的认识而提出的，看似不甚切合实际，事实上却发人深省。

贾让设想决河北流，迁徙一部分居民，让黄河沿北部的低地入海。当时，河北平原东部人口还比较稀少，移民他徙多少具有一定可行性，所以贾让把改道的地点选在了这里。对于这一治河策略，贾让自信足以使"河定民安，千载无患"。贾让进上此策未久，黄河溃决改道，经东汉初年王景整治固定后，这条新河

道相对来说安定了八百多年，虽然尚且不及千载，但是一条新的、流路合理的河道，对于减少河患确实起到了重大作用，这一点殆无疑义。

汉哀帝没有采纳这一所谓"上策"，后代也没人做过这样的尝试，大多以为这是迂阔不经之谈。但是现代的学者却仍有人提出过类似的想法，它对今后根治黄河仍有启发意义，起码可以诱导人们去积极地对待黄河的自然改道问题，有关这一点在下文中还要有所叙述。

（2）贾让的中策是分流河水。既不能如意放水改道北行，贾让又退而求其次，提出分引一部分水流，沿太行山冲积扇前缘地带北行，从中引渠溉田。这样做可以分减黄河干流的水量，旱则引水灌溉，减除旱灾；洪涝时可宣泄洪水，防止溃决干流；同时，分出的支津还可以兼具航运的作用。这种主张作为一种治河方略，可以称之为"分流派"。

（3）贾让的下策是沿袭一般的办法，加高培厚原有的堤防，维持现存的河道。但他认为这样做劳而无功，不会有多大效果，仍然无法免除水患。与他的中策相对应，我们可以把这种贾让事实上并不赞成的治河方略划为"独流派"。

贾让的这篇治河策，多少还带有一些战国策士的论辩色彩，不无危言耸听、夸大其词的嫌疑。因为要打动人主，就不能不尽量别出心裁，从而也就过分地贬低了传统的堤防手段。事实上，改道虽然最富有创见，但在当时是不可能被采纳的，也不大可能行得通；

而独流与分流，这两者互有利弊，不能一概而论，加之当时西汉王朝已经风雨飘摇，即使分流是万全之策，付诸实施又谈何容易。所以最终朝廷只能是择取了他最不赞成的"下策"。

贾让开河分流的"中策"虽然未被采纳，但在后世却又有人重提并实施过类似的主张，以致分流与独流成了治黄史上的两个重要流派。

事实上，贾让也并不是第一个提出分流主张的人。早于他20多年之前，就有一个叫做冯逡的人提出过类似的见解。稍后于贾让，在王莽执政期间，又有一个叫韩牧的人，提出了恢复《禹贡》"九河"旧迹的主张。

本书第二部分第十三个标题中已经讲过，《禹贡》记载的所谓"九河"，是指在原始的自然状态下，黄河下游散布开许多条分支水道，"九"只是表示多的意思，并不是一个实数。随着人口的增加，这些分支水道逐渐被埋塞，最后只固定保留下一条正流。韩牧提出恢复《禹贡》九河时，这些分支水道的旧迹都已难以寻觅，完全重新开挖，则决非易事，所以韩牧也觉得全面恢复恐怕不易，只好说"纵不能九，但为四五，宜有益"。总之，韩牧认为分泄下游水量，对于减轻黄河水患是有裨益的。

主张分流的人大多只注意到了黄河河床无法下泄大量洪水这一方面，所以主张分减流量，以避免在汛期出险。但是这一派人忽视了黄河宣泄不畅是由河水泥沙含量过高致使泥沙淤积从而阻塞河道这一事实。

实际上，下游河道分成两支或两支以上，由于水势减弱，挟沙能力降低，必然会导致泥沙沉积加速、加大，加重河床的淤塞程度。就是像《禹贡》所记载的那种下游多分支状况，也绝不是河水畅行入海，没有河患。当时这多条分支必定因淤塞而频繁改道，情况应当与金元时期多分支入淮有些相似。金元时期下游河道分成多股入淮，带来的只是更为频繁的决溢改道，《禹贡》"九河"行经的河北平原东部也很少发现当时古人类活动的遗迹，说明这是一处范围广大的河水泛滥区域。这些都可以证明，一般来说，分流是不会减轻黄河河患的。

尽管如此，面对激湍汹涌的河水，还是有许多人坚信"分则势小，合则势大"，主张分流治水。产生这种想法当然极为正常，每年一到汛期，黄河就像悬在人们头上的一把利剑，随时都可以在下游决口泛滥，毕竟削减水势之后，立即就可以解除眼前的灾难，求取苟安于一时。也就是说，分流只适于救险，而不适于治河。然而救险的分流应是一种临时性的泄洪通道，而不是常行的分支。持分流主张的人正是用这种"急救"的办法来根治病症，当然不会取得理想的效果。

分流派在明代曾长期占据优势地位，从明初到嘉靖年间，几乎所有治河者都主张分流以杀水势。他们认为，黄河源远流长，洪水时期，波涛汹涌，下游河道过洪能力不足，以致常常漫溢为患。对于如此强大的洪水，"利不当与水争，智不当与水斗"，唯有分流，才能杀去水势，消弭水患。这一派的代表人物有宋濂、徐有贞、白昂、刘大夏、刘天和等人，其中许多人不仅是徒有议论，而是身任治河官员，进行了相当规模的实践。然而分流不但没有使河患稍息，反而加重淤积，加深了黄河的灾害。

鉴于明朝人分流治河失败的教训，清朝基本上不再有人重提这一主张，只有吏部尚书孙嘉淦在乾隆年间提出了一个分洪方案，虽然也是分流，但意在削减洪峰水势，减小灾害，比较符合实际。

孙嘉淦根据当时黄河的情况，提出开挖一条减水河，把水引入山东的大清河，减小受灾面积。这条分流河道与以往所设计的有所不同，它实质上是一条防备异常洪水的分洪道，属于防止出险的应急措施。这样的分洪水道，对于减缓灾害肯定会起到一定的积极作用，可惜的是，他的建议没有被采纳实行。后来，咸丰五年（1855 年）黄河改道北行后所走的路线，正是孙嘉淦设计的分洪线路，这说明他所提出的方案合乎当时的实际情况。

分流派的侧重点在于"治水"，只看到了黄河为害的表层原因，因此难以取得功效。独流派起初也着眼于"治水"，但强调依赖堤防的作用，明代后期的万恭、潘季驯等人开始侧重于"治沙"，强调合流增强水势，"以水攻沙"，减少淤积，从而通畅下泄流路、弭除水患。这样，独流与分流之争，已演变成了"治水"与"治沙"的分歧，这时的独流派已成为与大多数治河方略都不相同的"治沙派"。

4 王景治河与堤防修护制度的完善

王莽始建国三年（公元 11 年），黄河在魏郡（今冀、鲁、豫三省交界地带）决口，泛滥于河道南岸数郡地界，侵及济水和汴渠。对待黄河南摆，黄河南北两岸的地方官员持不同态度。南方的官员主张迅速堵塞决口，使黄河北归，而北方的官员则赞成维持南流现状。王莽本人祖籍元城，在今河北大名附近，河水南徙，可以使他的祖坟家园不再受黄河的侵害，所以他站在北方官员一边，听任河道转徙，不予堵塞，从而使黄河河道发生了较大迁改。但很长一段时间内，一直没有固定的河道，处于一种很不稳定的散漫状态。

东汉建国以后，在光武帝建武十年（公元 34 年），始有人提议治河，又因为南北两方的官员相互掣肘，未能进行。此后河势进一步恶化，河水冲击汴渠，渠口水门沦入黄河，不仅灾区民众受害日深，南北水上交通航道也受到了严重影响。于是，在汉明帝永平十二年（公元 69 年），朝廷决定治理黄河。王景因擅长水利工程技术，具有治水经验，从而受命主持治河工程。

这次治河工程包括治理汴渠和黄河下游河道两部分，总共动用了数十万人，耗去经费数以百亿计，工期一年，最后成功地治理了这两条水道。

王景的治河工程主要是修筑沿河大堤，固定新的河道。从今河南郑州附近的荥阳起，到今黄河口附近的千乘海口，修筑长堤千余里，牢牢地控制住了新冲开的河道。在筑堤之外，他还根据地形和河道的状况，对一些河道进行了改造、疏通，或裁弯取直，或凿高就底，使水流更为通畅。

王景治河以后，直到唐朝末年，在长达八百多年的时间内，黄河仅有 40 个年份有决溢的记载，相对于决溢频繁的其他时期来说，可以说基本上处于安流状态（唐末到近代的一千多年内，大小决溢 1500 多次），因此引起了后世的广泛关注。关于这一阶段黄河长期安流的原因，过去多归功于王景治理有方，现代有些学者又认为，这一时期黄河中游植被较好，起到了决定性作用，因为良好的植被可以大大减少下游河道的来沙量，从而减缓淤积。又有人综合各项因素认为，新形成的河道入海距离较短，比降较大，从而提高了河水的流速和挟沙能力，减轻了河道淤积，这一点对于黄河长期安流起到了决定性的作用。此外，植被、气候、堤防乃至海平面的变化等等各项因素，也都起到了一定作用。不管大家怎样看待这一现象，但经王景治理后下游河道能在较长时期内很少发生决溢确是事实，王景主持修筑的堤防工程即使没有起决定性作用，也起到了重要作用。正因为如此，后世对于王景的治河功绩一直十分重视，在借鉴王景的治河经验时也更为注重堤防工程。

我国的堤防工程起源甚早，至迟在西周时期就已经有了记载，所谓"防民之口，甚于防川"这句谚语，就出自公元前八百多年的周厉王时期。传说中的鲧治洪水，就是以堤埝为主要措施。不过当时的堤防是为了"限洪"，即不是为了防止河水泛滥，而是为了保护居址不受水淹。

黄河堤防的历史，起码可以追溯到战国时代。那时各诸侯国之间相互争战，时常决开黄河堤岸，以水代兵。既然能够借用河水来攻城淹军，就足以说明这时已经在黄河两岸修筑了较为高大的连贯堤防了。对此，贾让在他著名的"治河三策"中曾有所叙述。他说："堤防之作，近起战国，壅防百川，各以自利。齐与赵魏以河为境，赵魏濒山，齐地卑下，作堤去河二十五里。河水东抵齐堤则西泛赵魏，赵魏亦为堤去河二十五里。"

按照贾让的叙述，当时齐、赵、魏三国都濒临黄河下游，齐国地势较低，首先蒙受黄河洪水之害，于是离河25华里筑堤以防洪。齐国有了堤防的保护以后，洪水的威胁被转嫁到赵国，于是赵国也在离河25华里的地方修筑堤防，保护自己。同样，位于上游的魏国也效仿之，在自己的地界上筑起河堤。显然，这种堤防最初难免带有"以邻为壑"的意图，但各自都修筑起大堤之后，在各国堤防相邻的部分，又互相有着共同的利害，堤防也就逐渐互相连接起来。大约在战国中期，终于出现了绵亘连贯的长堤，夹护在下游河道的两侧。虽然最初形成的堤防在主流两侧相距有50华里之遥，河道还有很宽的游荡余地，但它毕竟使黄河下游有了一条稳定的河道。这是黄河防洪工程的一个重大进步。

战国时不仅筑堤规模突飞猛进，大大超越从前，同时在堤防的修护上也已具有相当水平。韩非曾经讲到过一个名叫白圭的筑堤专家，评价白圭在堤防修护中十分注重消除隐患。他说："千丈之堤以蝼蚁之穴溃……白圭之行堤也，塞其穴……是以白圭无水难。"由此可见，当时对于堤防的修护已相当严密，连蚁穴之类的隙漏都不轻易放过。

战国时期虽然已经形成连贯的防洪大堤，但是由于堤防分属各国，各自的利害不尽相同，所以堤防的修筑也不尽合理，甚至修建不合理的堤防，造成人为的险工，给邻国制造麻烦。这种不合理的状况，在群雄割据的战国时代是根本无法解决的。

秦始皇统一六国，为统筹安排黄河堤防的修筑创造了有利条件。雄才大略的秦始皇在统一文字、度量衡和交通制度的同时，也注意到了黄河堤防所存在的混乱。三十二年（公元前215年），秦始皇东游竭石，刻石纪功，其中特别提到"决通川防，夷去险阻"的功绩。这两句话的意思大致就是改建不合理的堤防，从而使某些不安全地段化险为夷。

如果说秦始皇第一次全面修整了黄河大堤，那么王景就是第一个主持统一修筑整个下游千里大堤的人。当然到王景治河时黄河已经决口泛滥60多年，在这期间，人们不能不逐渐修起一些民埝来保护自己的家园，王景能够在一年时间内修成千里长堤，显然在相当程度上利用了这些已有的民埝。从西汉时起，就在濒河各郡国设有专门巡视河堤的官员，负责河堤的修护。

王景筑堤后为了保证河堤的坚固持久，也效法西汉旧制，设置官吏。这种专员负责制度，对于保证河堤及时修护，具有重要作用。

王景以后直到唐末的八百多年间，因河患很少，所以在堤防修护等方面也没有多大进展。从唐末到五代，河患又转而增多，于是堤防的管理也得到了一定程度的加强。后晋天福年间（936～942 年），规定在沿岸上等户中选取一人，担任"堤长"，负责一定段落内堤防的修护管理，每个堤长任期一年，期满后再选他人轮换。接着又命令一些沿河州府的刺史、府尹兼任河堤使，统领河防事务，随时养护堤岸。

这种地方官员兼管本地河防的制度，到了宋代，随着河患的加深而更为完善。宋太祖赵匡胤规定，黄河下游 沿河诸州知州兼任本州河堤使，诸州通判或判官充任本州河堤判官。真宗时（998～1022 年在位）进一步规定，知州、通判要每两月巡视一次所辖地段内的河堤，县令及其辅官要经常巡视堤防。真宗还规定沿河州县官吏，任期届满之后不能马上卸任移交，必须等汛期过后才能去职，以便保证州县官吏自始至终恪尽职守，守好河堤。显然，经过汛期考验，证明河堤坚固可靠，这才算政绩合格，否则必将受到相应的处分。

每年对堤防的大规模整修，称为"岁修"。岁修制度也是在宋代完善起来的，自乾德五年（967 年）以后，每年春季的正月、二月、三月，是固定的修护施工季节。这一季节既是农闲，黄河水位又最低，征用民夫和施工都比较便利。

由于屡屡兴起较大的工役，北宋政府对于河工服役也做出了一些具体规定，其基本原则是：穷人出力、富人出钱。治河工役需要的人夫是极为众多的，正常的修守，往往一年就要动用 10 万人上下，这给沿河地区的民众造成了沉重的负担。

宋代对于堤岸的修护规定了一些具体的措施，同时也产生了许多新的技术。在河堤上植树就是一项重要的固堤措施，宋初对此就有专门规定：按照每一家户籍等第的高下，把沿河居民种树的数量分为五等，第一等 50 棵，第二等 40 棵，每降一等，递减 10 棵。同时还规定严禁砍伐堤上树木。

植树属于固堤工程，护堤护岸工程则有木龙、石岸以及卷埽等。

一般木龙是在一根横木上垂下多条直木，状如巨型木钯，将其放在急流处，随水沉浮，可以起到防浪的作用。宋代还有一种木岸，是用签桩和梢料、草料等修筑，也是护卫堤岸的设施。

石岸远创自西汉，但应用不广。宋代时石岸的修筑已经比较普遍，一般通高两丈左右，常常分为 3 层，全由石块砌成。石岸坚固耐久，但成本过高，只能应用于局部重要地段。

宋代应用最为普遍的护岸设施是埽捆。至迟在宋真宗天禧年间（1017～1021 年），这种工程设施已经遍及黄河下游河道两岸的各险工地段。埽的具体用法是，用成百上千的人把大埽捆推放到堤身薄弱处的水下，埽捆中间的竹心索要系在岸上的桩橛上，同时在埽上打入长木桩，直透地下，把埽捆固定起来。由于北宋时普遍采用了埽工护岸，整个下游河段共修有45处埽岸，并设置专人管理，所以设置埽工护岸的险工地段，就用地名后加上"埽"字的形式称为"某某埽"。从而，这些埽名也就成了险工名称和堤岸修防机构，其中许多埽名作为地名一直延续下来，至今仍然存在。

在护堤工程发展的同时，宋代的堤防本身也有了较大发展，这时已经出现正堤、遥堤、缕堤、月堤等多种堤防。

大河两岸的正堤，一般只称为堤，是最基本也是最重要的河堤。遥堤是正堤以外靠最外侧的一重堤防，它的作用是在汛期把溢出的河水限定在该堤以内，即控制河水泛溢的范围。遥堤往往距河道很远，甚至可以把一些临河城镇圈在堤内。缕堤是介于正堤和遥堤之间的第二重堤防，它起着补救正堤决溢的作用，即万一正堤溃决，可以马上加强缕堤，以临时抵挡水势。月堤的作用大致与缕堤相当，但它只限于保护某一小段堤防单薄的险工地段，故修筑成弯月形，既可用于正堤之外，也可用于缕堤之外。此外，在遥堤与缕堤之间，还有垂直的堤防相连，名为横堤（明代以后称为格堤），也用于限制洪水的泛溢范围。

金人统治时期，河患日益加深，因而朝廷也就更为重视河防问题。金初，在黄河下游沿河设置25埽，每埽设散巡河官一员，每四埽或五埽设都巡河官一员，分别管理所属各埽。全河总共配备埽兵1.2万人，每年耗用薪草等卷埽原料近300万束。同时援依宋人旧制，令沿河州县官员兼管当地河防。整个管理制度要比宋代更为严密。

到了元代，对于堤防的形式和功用又有了新的发展。贾鲁治河时采用的"刺水堤"，用于堵口挑水，后来又凿沉石船创"石船堤"，仍然用于挑水，这两项都是河工史上的重大创造。此外，还有护岸堤、决口堤、截河堤等不同形式，反映出河防技术已日趋复杂。埽工在这时也有了相应的发展，根据作用、形状的不同特点，已划分出岸埽、水埽、龙尾埽、拦头埽、马头埽等许多种类。

明代对于堤防的重视表现为两个方面，一是修筑堤防有了更为严密的施工程序，二是修护堤防有了更为完善的制度。

金元时期对于筑堤的土质已经有了详细的分辨，根据不同的需要，选用相应的土质。明代除了仍旧注意选择筑堤用土之外，还规定临河取土必须远离堤脚数十步之外，以免在堤下形成沟谷，河水上漫，顺堤行洪，威胁河堤的安全。

筑堤时每上土5寸，就要行夯2~3遍，夯实后还要用一种铁锥筒取样检查压实密度，以确保大堤质量。

对于河堤的顶高，要求远近高下一律取齐，施工时通过平准法测量来保证这一要求。同时要求顶宽与底宽要保持一定比例，边坡不能太陡，要让马匹可由边坡上下，故又称之为走马坡。

按照严格的技术要求修成的大堤，还要有严密的管理制度。明朝人总结前人的经验，订立了"四防二守"制度。

四防为风防、雨防、昼防、夜防，即在汛期大水时，不论风雨昼夜，都要严加防守。风天容易激水冲刷河堤，所以要加强护堤；雨天容易冲荡堤身，淋成沟槽，所以应注意修补；白天要注意防止涨水，准备抵挡；夜间要格外小心盗决，加强巡视。

二守为官守和民守。官守指在沿河设置管河机构，下有兵夫分段修守河堤。民守指临近河堤的百姓被编成组织，上堤守护。明代的民守组织曾规定为每华里10人，三华里一铺，四铺设一"老人"（管理该铺的头目）。民守与官守一样，也有责任防守区段，但兵夫常备而民工只在汛期上堤，以不废农事。大堤上常常悬挂着写有"四防二守"四字的大旗，以提醒守堤兵民时刻警惕出险，古人谓之曰"触目惊心"。

对于前人植树固堤的办法，明朝人也有很大发展。著名的治水专家刘天和总结出"植柳六法"，其中前三法仍是用于固堤，但方法已经非常高超，依法栽成后，会使河堤上下全被柳树根、枝护住，人称"活龙尾埽"，足以抵御风雨波浪的冲击。另三法有两法是在堤身内外栽柳护堤。还有一法最为奇妙，是在坡水漫流，难以筑堤的地方，沿河密栽低小柽柳（俗名随河柳）。这种柳树不怕水淹，每遇水涨即随水后退，缓溜落淤，随淤随长，几年之后，无需借助人力，自然就可以形成堤防。

明代仍然沿用卷埽的办法，但形制已更为繁复，有靠山埽、箱边埽、牛尾埽、龙口埽、鱼鳞埽、土牛埽、截河埽、逼水埽等等许多埽名，形制不一，用途各异，说明埽工的应用更为广泛。

明代在堤防技术上的最大发展，应该说是固堤放淤技术的普遍应用。

黄河泥沙含量甚高，因此而引起了严重的水患，但是在治河时如果能合理地利用泥沙，也可以化害为利，甚至利用它来兴利除害。由于泥沙中含有大量腐殖质，具有很高的肥力，所以很早就有人利用黄河支流（如泾河等）来淤灌田地，取得了丰产的效果。在北宋王安石变法期间，又大规模地在黄河干流上引水淤地，由于朝廷的鼓励和提倡，一时间引黄放淤形成高潮。利用黄河泥沙淤成的田地非常肥沃，对促进沿河地带农业生产的发展起到了重要作用。但直到明代以前，引黄放淤，一直基本上限止在农田水利的范畴内，没有利用它来作为治河手段。

明隆庆末年（1572年），万恭出任总理河道，负责黄河的整治工作，写下了一部治水名著《治水筌蹄》。书中第一次记载了固堤放淤的办法，并且万恭还在黄河上试用过这种办法，取得了良好的效果。

固堤放淤的基本方法是把黄河水引到正堤或缕堤的背面，让泥沙沉淤到堤后，借以加固堤防，让泥沙兴利除害。由于黄河水中泥沙含量很高，淤积固堤的效果一般都比较理想。泥沙沉淤后再引清水回河，还可以达到增大河流水量、减低泥沙含量的目的。

继万恭之后，在万历年间（1573～1620年）曾先后4次出任总理河道的潘季驯以及总督漕运杨一魁等人，先后大力推广了万恭固堤放淤的方法，对于巩固黄河堤防起到了重要作用。

对于堤防管理，清代在行政上采取了更为严格的措施。明成化七年（1471年），首次设立总河官员，由工部侍郎王恕总理河道，习称"总河"。清初继续沿用这一建制，设立河道总督一职，总理黄（河）运（河）两河事务，仍就习称"总河"。雍正二年（1724年）增设副总河一人，专管河南河务。雍正七年（1729年）设江南河道总督一人（由原总河改设），河南山东河道总督一人（由原副总河改设）。前者管辖苏、皖两省河道，后者管辖豫、鲁两省河道。从此两河下游由两总督分治，江南河道总督称南河总督，河南山东河道总督称东河总督。

因河工关系重大，清代把治河组织按军事建制看待，河道总督一般都兼有兵部侍郎及右副都御史衔。

总督下设道，是高于府、州而低于省级的监察机构。各道设有道员，为督修官，兼掌钱粮出纳。

道下有厅、营两门。厅为文职，长官为同知或通判；营为武职，长官为守备或协办守备，统领河营兵。

厅下辖汛，每一汛地的范围从几千丈到上万丈，各汛的长官为主簿、县丞。

汛级武职有千总、把总、分防外委、协防几种名称，地位高低有差，都是直接统领河兵的武官。

额定设置的修守人员有河兵和堡夫两种，每一汛地配置河兵、堡夫各几十名至上百名，有专门的堡房供其居住。河兵受河营和厅、汛双重统辖，堡夫只受厅、汛管理。河兵职在抢险，比较艰险；堡夫则主要负责巡查维修，相对轻松。因此河兵的待遇要高于堡夫一倍以上，表现勇敢，勤劳耐苦的堡夫有机会转为河兵。

总的来看，经过近两千年的发展演变，清代已经形成了一整套极为完备的堤防管理体制，它比较有效地保证了河防工程的进行。

至于堤防修护工程，清代对筑堤方法又做了总结提高，归纳出"五宜二忌"。

五宜：一是合理选择堤线。堤线应选择在地形高处，不与水争地。同时堤线不可太直，应稍呈弯曲，这样便于防护，不宜出险。二是"取土宜远"。取土地点不仅要远，而且还要在取土时隔一定距离预留下土格，这样运土时便于通行，完工后则可以利用这些土格，在河水漫滩时把泥沙淤到格内，可以起到放淤固堤的效果，又能让土料取之不尽。三是每次上土要薄。不仅如此，在两段工程交界处还要注意互相交叉上土夯打。四是行夯要密。五是验收要严。

二忌：一是忌隆冬施工，因冻土不宜夯实，影响质量；二是忌盛夏施工，防止大水漫滩，无土可取。因此兴修大堤多在春、秋两季进行。

清代埽工自乾隆、嘉庆年间以后，逐渐用软厢代替了卷埽，从形状和用途两方面也可以把埽分成诸多种类，这与明代的情况相差不是很大。在修防工程上的最大改进是在埽前抛散砖石护埽。砖石在厢埽前堆成坦坡，黄水泥浆灌入后，凝结坚实，非常巩固，以防埽段蛰塌，造成巨险，收到了很好的效果。

固堤放淤在清代比较盛行。康熙年间，靳辅任河道总督，采纳幕友陈潢的意见，沿用并发展了潘季驯行用过的办法，在邳州（今江苏古邳镇）、徐州等地放淤固堤，都十分成功。为此靳辅非常得意地说"其事甚易，其效甚大"。

靳辅以后，康熙、雍正年间仍有人在黄河下游放淤固堤，至乾隆初年，形成了一个放淤高潮，以后几乎连年放淤，有时一次放淤工段就达 500 多丈，规模越来越大。这一罕见的放淤大潮贯穿乾隆一朝 60 年，至嘉庆初年才有所减弱，直到道光前期才基本结束。但光绪末年，又有人在山东利津等地放淤，淤出田地 2000 多顷，淤平了 40 余段埽工，收效和规模都相当可观。

堤防决不是治理黄河最理想的手段，更不是唯一的手段。但在过去的历史条件下，它却是最为实际可行、同时也是最具有直接效益的治河方法。时至今日，即使采用了比它更为妥善的治河方略，堤防仍旧是使用其他各种手段的基础，人们还离不开它来控制奔腾的洪水。因此，总结历史时期堤防修护工程和管理制度的经验，对于当前的河患治理，仍然具有重要意义。

⑤ 东流、北流之争与改河问题

王景以堤防为主的治河手段，一直为后世所遵奉，由于其他种种有利条件，使得王景和踵其后尘的许多治河者都获取了较大的成功。然而，黄河水患的根源在于泥沙淤积，既然这个问题未能得到治理，那么河床越淤越高，河堤只能随之不断加高培厚。河床成为地上悬河，不断决口泛滥也就成为必然。

到了唐朝后期，由于黄河河口段淤高日益严重，泄水不畅，王景治河的神话已开始被无情的事实所打破，下游河道经常出现决溢，甚至还出现了短时期改道的现象。到北宋前期，有些地段的河床已高出堤外民房一丈以上，继续靠加高培厚大堤来维持这一河道已经越来越困难。在这种情况下，仅仅从保证河水安流这一角度来说，让河流改道他行是最为妥当的办法。因为河堤不可能无限地增高，当时对付泥沙淤积又没有更好的办法，分流则只能加速淤积，而王景治河后较长时期的安流局面已经证明，一条流路比较合理的新河道，可以甩掉老河床多年淤积的"包袱"。

两汉之际黄河决口以后，经过一段时间放任自流，按照"水流就下"的自然规律，黄河自己找到了后来被王景所固定的那条河道，为两岸居民带来了相对的安宁。到了北宋中期以后，要想重新恢复王景治河以后的安流局面，也只能顺从黄河水性，为它再找一条新的出路。

仁宗庆历八年（1048年）六月，黄河北岸决口，由今河南濮阳东侧北流，至今天津附近入海，与原来的所谓"东流"河道相对应，被称为"北流"。"北流"河道的出现，是下游淤积阻塞以后，黄河为自己寻找到的一条比较理想的流路。这条新的河道，总的来说是明显优于原来的东流河道的，紧接着河道又曾东决，走过两条其他东流河道，也不如北流河道通畅。如果朝廷积极地采取合理的工程措施，整治固定这条河道，它应该能够保持较长一段时间的安流局面。

然而令人遗憾的是，由于朝廷上下对于维持新形成的"北流"还是恢复"东流"旧道，出现了尖锐的对立意见，仁宗、神宗、哲宗连续几位皇帝也没有明确的主张。结果是时而维持北流，但没等修筑好堤防等设施，就又改变决策，挽河东流；东流不畅，旋即决而北流，则又改而放任河水北行。时东、时北，变化不定。总共曾先后三次强挽河道东行，但都因河道壅塞过高，没有维持多久，以冲决回归北流而告终。所以从河道本身的状况来说，挽河东流显然是很不合理的。

但是北流也有它的弱点：一是河道流程太长，容易加速淤积；二是河道新成，堤防系统还不够完善合理，特别是在决口改道北徙的地方，河道陡转，堤防薄弱，极易泛滥决口，而在冀中平原一段河道，又堤防过宽（有的地方相距几十里），水流散漫，淤积速度很快，对于河水下泄也造成了障碍。持东流主张的人正是因为看到北流时常泛滥决溢，水灾严重，才一意坚持回河东流。

东流与北流之争，由一种治河见解，演变成为带有很强政治派别色彩的争论，在北宋朝廷上下展开了持续的辩难。北流派的主要人物有欧阳修、周沆、范纯仁、苏辙、曾肇等，东流派则有贾昌朝、司马光、王安石、文彦博、吕大防等。由于黄河北流、东流，还关系到当时对辽战争，使得这一争论更为复杂。原来北宋朝廷在河北平原北部利用积水设置了许多水塘，来阻止辽军的进攻。反对北流的人认为黄河北流会因河水泛溢而湮塞水塘，从而削弱边防；赞成北流的人则声称水塘本来就起不到阻遏辽军的作用，还有人说黄河北流，正可以利用河道来作为防线，不仅不会削弱边防，而且还会增强防御能力。总之，在一片吵嚷声中，始终也没有定下一个固定的办法，直到金人南下，中原沦陷，宋朝派人扒开河堤，放水南行，黄河从此改从淮河入海，这才再也不必为北流、东流而吵了。

如果北宋朝廷能够在维持北流上取得比较一致的意见，再有一位像王景一样得力的治河官员，妥善地整治北流河道，疏通壅塞、束紧河堤、补固险，那么完全可以在相当长一段时期减轻水患。然而无休止的争论，妨碍了正常的整治，人们没有能一致认识到当下游河道行水过久，河道淤积壅塞到一定程度后，找不到清淤的办法，就只能任河流改道他行。

改道虽然可以撇开多年欠下的淤积旧账，将其一笔勾销，重选一条地势低洼、比降大的流路，但是自然溃决改道要造成巨大灾难，而且并不是每次河决都会马上形成一条最合理并且也比较稳定的河道。所以从理论来讲，当一条河道因行水时间过长，淤积严重，决徙改道已不可避免时，有计划地人为改道就应该是最为妥善的办法了。事实上从很早起，就有人提出了这一办法。

前面已经提到，西汉贾让著名的治河三策，其中的上策就是迁徙一部分居民，让黄河改道北行入海。当时的河道以及贾让设想的改河路线，与北宋的东流、北流两条流路，形势颇为相似，即西汉河道与北宋东流近似，而贾让设计的改河流路则与北宋自然冲溃形成的北流相近。尽管在这二者之间并不存在必然的联系，但联系到北宋自然改道的情况，我们不能不承认，像贾让设想的那样施行人为改道，是一种看似离奇而实际上却相当合理的治河方略。

贾让之所以能够提出改河之策，并把它置于治河三策之首，其实是有所借鉴的，并不是完全凭空偶发奇想。

最早提出改河之策的是西汉初年一个名叫延年的人。汉武帝太始年间（公元前96～前93年），由于北部匈奴侵扰，许多人向汉武帝上书陈述靖边良策，在这当中就有这位延年。延年进献的御胡办法是"开大河上领，出之胡中，东注之海"，这样在利用黄河水来阻遏匈奴人寇扰的同时，还可以使"关东长无水灾"，省却堤防工役，"此功一成，万世大利"。延年到底想在那里改河北行匈奴地区讲得不太清楚，据推测，大致在河套地区，即在托克托县黄河转弯处引河通过山西晋北高原直接东入渤海。延年生长在滨海的齐国故地，秦汉时期这里有许多在地理观念上极富想象力的"方士"。领着数千名童男童女为秦始皇入海求仙的徐市就是其中之一。延年的改河计划，在地理上是根本行不通的，因为山西高原无法逾越。这一设想，带有很强的方士奇谈色彩。尽管汉武帝刘彻也相信方士的鼓惑，派人去寻找过海外仙山，也还是不敢赞同这样的玄想，只是说了一番鼓励他的话，把延年打发了之。

延年的设想固然荒诞不经，但对于后人的治河思想却不无启发。汉成帝鸿嘉四年（公元前17年），黄河下游接近海口的渤海、清河、信都三郡河水泛滥，丞相孙禁在亲自察看了灾情和下游地区的地理状况后，第一次提出了科学的改河主张。

孙禁的改河方案包括：一是在平原（今山东平原南）引黄河入笃马河。笃马河与今马颊河流路大致相同，当时是黄河的分支水道。黄河干流改走笃马河以后，可以缩短入海流程，这里的地势比较低下，也可以减缓淤积。二是受灾的渤海、清河、信都三郡待改河成功、河水退落后，淤下的泥土特别肥沃，是上好的良田，可以用来补偿原笃马河沿岸地区因改河所造成的损失。这一方案综合考虑了自然可行性和社会经济承受能力，应该说是大致可行的。可是主管河防的河堤都尉许商等人却坚决反对，结果未能实行。

孙禁提出改河方案十几年后，贾让就在治河三策中把改河列为首选方略，尽管改河的具体流路设计不同，但他们的基本思想显然是一脉相承的。紧接着大司空掾王横在王莽时期重又提出这类想法，而且他所设计的方案也与贾让相近。这说明尽管未能付诸实施，但改河这一设想在当时确实引起了广泛的关注。假如北宋官员们在争论东流、北流问题时能充分考虑到历史时期出现过的这种改河方案，也许会比较容易地在固定北流新河方面取得共识，为下游地区减去许多水患。

宋人未能及时固定北流河道，最后又为了抵挡金兵南下而放水南行，从此黄河下游南夺淮河入海，在淮河北岸迁徙摆动不定，泛滥无常，使得这一地区的地势愈淤积愈高，所以到了明嘉靖年间，光禄少卿黄绾又提出了改河北行的建议。嘉靖六年（1527年），在讨论治河问题时，黄绾根据当时淮北地区地势淤积越来越高，行水日益壅滞的实际情况，指出冀、鲁、豫三省交界地带，地势东北高于西南，在此河流改道北行，必然会比南入淮河更为顺畅。所以要想比较彻底地解决日益严重的河患，应在山东、河北两省交界地带，寻找一处低洼的通道，然后导河改道北行，注入渤海。

黄绾的想法在本质上与孙禁、贾让等人完全相同，都是面对一条淤高不畅的河道，提出了不得已而为之的改河方案。在改河流路的规划上，黄绾的方案也是极为合理的，遗憾的是同样没有被主政者所采纳。明代，改河的难度已远远超出汉代：一是因为下游地区人口增多，改河损失更大；二是因为当时黄河下游河道的流向与运河航运密切相关，改河北行，势必要减少运河水量，阻滞南北交通命脉，朝廷决不会轻易动此念头。

到了清代，这种南高北低的地理形势更为明显。在道光年间，魏源认真分析了这一形势后认识到，黄河一旦在河南北徙，必定要夺大清河入海。魏源认为，黄河北徙在当时已经不可避免，旧河道已根本无法继续维持，与其自然改道，荡毁田庐，不如趁冬春枯水时节，预先筑堤通道，有计划地人为改河北行，以顺应水性，减少损失。

从明朝嘉靖年间黄绾提出改河北行的设想起，到魏源重提这一主张，前后经历了三百年时间。如果说黄绾提出改河只是防患于未然的话，那么这条河道在又勉强维持了三百年之后，到道光时期已经实在难以继续行水了，改道他行已经迫在眉睫，刻不容缓。

同魏源的所有强国富民梦一样，他的这一急迫呼吁，在当时只是杞人忧天，根本无人理睬。最后果然不出他所预料，黄河很快就在咸丰五年（1855年）于铜瓦厢决口改道，由大清河进入渤海，结束了黄河夺淮入海的历史。

由于没有听取魏源的建议实行人为改道，决口以后，河水泛滥，河道又长期不能完全固定下来，给河南、直隶（约相当于今河北省）、山东三省的许多州、县造成了巨大灾难。按理说，朝廷当事官员应痛定思痛，认真考虑改河的益处，然而许多人还是一味强调"以黄济运"，即让黄河回归南流故道，以保证运河的航运，而不是从黄河的安定着想，尽早固定下这条新形成的河道。朝廷上下又形成了南流、北流两种不同意见，议论不休。正好当时清王朝已经危机四伏，朝廷不敢大兴工役，怕激生变乱，不然也会像北宋一样，反复强挽河道南行。这样经过多年冲刷，新河道逐渐稳定，两岸居民为了保护自己的家园，渐渐修筑民埝，从同治三年（1864年）起，一些地方官也陆续有组织地筑堤防洪，到光绪十年（1884年）终于筑成了完整的新河堤防，完全固定了河道。

作为一种积极有效的治河方略，人为改河这一主张从西汉到清代反复有人提起，但从未能付诸实施。不仅如此，即使是在非改道不可的时候发生了自然改道，人们也常常不能把改道当作治河的积极措施，因此造成了巨大的损失和浪费。从今后的长远发展来看，只要泥沙淤积问题得不到根本性的解决，不能不考虑改河问题。适时地人为地改河，可以减少许多不必要的损失，而且预先有计划地选线，也会使河道改移更为合理。为此，在制订黄河下游地区经济发展的长期规划时，应当充分考虑未来的河道问题。

6 潘季驯"束水攻沙"与治沙派

黄河水患的根本原因是泥沙淤积过多，可是前面所介绍的治河方略和技术却基本上都是在直接危害人们的"水"上做文章，因此都是治表的办法，可以用"治水派"来概括。其实真正要想解决黄河水患，也要从治沙入手，把治沙与治水结合在一起，表、本兼治，以求根治洪水灾害。

北宋的引黄淤田，明清的固堤放淤，都可以在一定程度上减少河床中沉积的泥沙，但这些措施主要是为了利用泥沙而不是清除泥沙，所以效果有限。王安石支持机械浚河，为清除河床淤积的泥沙做出了可贵的探索，但是机械设计很不合理，又不可避免地招致了失败。真正在治理黄河泥沙方面取得成就的人应当首推明代隆庆、万历年间的潘季驯。

潘季驯在嘉靖到万历年间曾先后4次主持治河工作，他不辞辛劳，在千里河防线上，多次下至工地，具体了解情况，吸取前人治河的经验教训，认识到治河必须治沙。为此，他与万恭等人反对当时盛行的分流治河主张，强调指出："（水）分则势缓，缓则沙停，沙停则河饱，河饱则水溢，水溢则堤决，堤决则河为平陆，而民生之昏垫，国计之梗阻，皆由此矣。"也就是说，分流会加速泥沙淤积，从而导致河道溃决，危害国计民生。所以他主张水流合而不分，以增大水势，"以河治河，以水攻沙"，即通过水流把泥沙冲挟入海，减少河道的淤积。为此，他特别强调河堤的作用，因为通过堤防束紧河水，才能增加河水流速，提高挟沙能力。在实际工程中，潘季驯积极地全面推广了宋代就已经产生的正堤、缕堤、月堤、遥堤、格堤相互配合的一整套堤防形式，使之更为完善。总之，通过完备的堤防体制，潘季驯实现了"束水攻沙"的治河意图，为治理黄河水害开辟了一条新的途径。

经过潘季驯合流、筑堤束水之后，泥沙淤积在一定程度上确实有所减弱，10余年间没有发生大规模决溢，潘季驯也因为提出束水攻沙理论而颇受后人的钦服。从此，在黄河治理工程中便比较普遍地重视以沙攻沙，并把潘季驯的这一理论"奉之为金科"（清初治河专家陈潢的评价）；直到近代西方水文学传入中国之后，著名水利专家李仪祉先生仍旧高度评价潘季驯的治河理论是把防洪与治沙有效地结合为一体，称赞潘氏深刻地认识到了治河的基本原理。

潘季驯在治河工程中开创治沙一派，改单纯治标为标、本兼治，诚然功在千秋，但是由于黄河中游水土流失严重，来沙量过大，仅仅依靠束水攻沙，并不能把很多泥沙冲入大海，它减缓泥沙淤积的作用相当有限，大量的泥沙仍就沉积在下游河道之内。这样，显然无法从根本上解决河患。事实上，潘季驯治河之后不久，局部的决口改道就仍然不断发生，看来要想根治河患，还必须寻求其他途径。

7 胡定的"汰沙澄源"方案与全河派

引起黄河下游河道泥沙淤积的根源是中游黄土高原地区严重的水土流失，因此不论是治水派、还是治沙派，是禹派、还是鲧派，是独流派、还是分流派，或者是改河派，如果只是把眼光盯在下游发生水患的河段，不去追溯整治泥沙的来源，都很难彻底解决问题。经过长期的探索，终于在清代中期有人认识到了这一重要问题，提出了治理中游泥沙流失的水土保持方案。在这里可以把这种治河方略称之为"全河派"，以区别于前述种种只注意下游河道的"下游派"。

提出这一卓越见解的人名字叫做胡定，是乾隆年间的一名御史。他敏锐地观察到黄河水中所含的泥沙绝大多数出自三门峡以上的中游河段，于是提出了一个称之为"汰沙澄源"（即淘汰泥沙以澄清水源）的水土保持方案。具体办法是，在黄土高原沟壑区的沟涧口上筑坝拦截洪水，把泥沙淤积在沟底，利用肥沃的淤泥种植小麦等农作物，这样既减少了水土流失，又有利于农业生产，一举两得。

胡定提出的这种水土保持办法，现在一般称之为"淤地坝"。它起源很早，至迟在明朝万历年间（1573～1620年）就已见于文献记载。据山西《汾西县志》记载，当地一向有人在沟涧中筑坝淤田，收获颇高，当时的知县毛炯曾专门发布告示，以免收租税为号召，积极鼓励民众多多筑坝淤田。于是该县筑坝淤地成为风气，发展迅速。据中华人民共和国成立前夕统计，该县已建成坝地数千亩。再早的文献记载，则有明朝隆庆三年（1569年）陕西子洲县某地因山坡滑塌，堵塞沟道，从而形成天然土坝，拦淤800多亩良田一事。不过这与人工筑坝有所不同，还不能说明当时已经筑坝淤地。

胡定肯定是注意到了民间发明的这种淤地办法可以大大减少流入黄河的泥沙，所以才会想到利用这种办法来"汰沙澄源"，从根本上清除河道中的泥沙淤积。这种修筑淤地坝的办法，至今仍然是黄河中游水土保持最基本的手段之一，效果相当显著。胡定能够提出这一治河方略，实在具有超群的见识。然而可悲的是，一个人的认识不能超出同时代其他人太远，超出得太多也就不会被人理解。胡定当年的境遇正是如此，当他把这一建议呈上朝廷之后，主事者以"古未有行之者"为由，根本不假思索就将其否定掉了。

推广淤地坝来减少水土流失的正确主张虽然没有引起朝廷的重视，但是淤地坝给农民带来的丰厚收益，却诱使山西、陕西两省的许多农民修坝筑堰，清代中期以后，淤地坝在民间还是有了较大发展。

一直到清朝覆亡，进入民国以后，随着近代科学知识的传入，人们才又重新认识到胡定在二百年前所提出的这一卓越见解，在治理黄河工作中重视中游地区的水土保持，并把筑造淤地坝作为最重要的手段之一，大力推广了这一措施。

除了淤地坝之外，在水土保持方面还有沟洫、梯田、种草植树等许多手段，目前都已在黄土高原各地广泛施行，对于减少黄河泥沙含量起到了重要作用。但是随着生产的发展，土地开垦过量，也引起了新的水土流失，所以黄河泥沙的综合治理，目前仍然是一项艰巨而又复杂的工作。但是不管怎样，从全河着眼，从控制中游水土流失入手来解决黄河水患问题，应该作为基本原则。在此基础之上，首先完善各种下游防洪措施，并充分借鉴历史上的成功经验，就一定能够最终征服滔滔黄流，实现汉武帝弭除河患，万福永驻的愿望。

五　直是万顷黄金钱

决溢频繁、动荡不定的黄河河道，曾给两岸民众造成了深重的灾难，但这只是黄河影响社会历史的一个侧面，与它所滋育的中华文明相比，这种副作用显然应居于次要地位。

黄河中下游地区气候温和，土壤肥沃，适于原始人类的生存与发展，也便于农业垦殖。所以不仅从原始社会时期就有了仰韶文化、龙山文化等非常发达的史前文化，而且早在公元前 1500 多年以前，就已经出现了高度发达的殷商文明，著名的河南郑州二里岗文化遗址和河南安阳小屯殷墟，都是这一早期文明的代表性遗迹。

郑州二里岗文化遗址就在黄河岸边的郑州市区，这里发现了周长接近 7 公里的城垣，城内总面积约 25 平方公里，并筑有夯土宫殿台基。在这里还找到了刻字卜骨，铸造青铜兵器和工具范型。凡此种种都足以表明，当时住在这里的居民，已经具有比较发达的文明。二里岗文化大致相当于商代早期。考古发掘的实物和传世文献的记述都可以证明，当黄河流域已出现比较发达的商代文明的时候，全国其他各地基本上还都远远没有进入文明阶段，所以黄河流域作为中华文明的摇篮是当之无愧的。

安阳小屯殷墟在安阳市区西北面，北邻洹水（今称洹河或安阳河），它是商代后期的都城，在商朝灭亡前的270多年期间，国都一直设在这里。洹水现在汇入卫河，但在当时却是黄河的支流，因此以殷墟为代表的商代后期文明，同样也与黄河息息相关。

根据考古发掘结果，远在公元前1300前后，小屯殷墟就已经发展成为一座具有相当规模的都市，其文明发达程度遥遥领先于全国其他各个地区。从农业中分离出来的手工业，已经有了很专门的分工，设有铸铜、制陶、制玉石器和制骨等多种手工业作坊。其中青铜铸造业已经具有高度发达的技术水平，包括礼器、乐器、兵器和车马器具、工具等，种类繁多，形状奇伟，花纹瑰丽，被普遍视为上古文明世界中在技术方面最为突出的成就之一。人类文明的另一项重要标志——文字，在殷墟遗址中更有丰富的遗存，仅刻有文字的甲骨，就已发现16万片以上。文字记录的内容相当广泛，其中包含大量史事，如帝王和臣僚的名字、战争、祭祀和狩猎等的事迹，史事发生的年月日和地点。这些内容表明小屯殷墟所代表的殷商文化已经进入文字历史阶段。

殷商王朝的核心区域是在黄河中下游地区，以殷墟为代表的殷商文化足以表明当时黄河流域的文明发达程度，已经大大超过了长江流域或其他地区。源远流长的中华文明，就是在殷商文化的基础上，逐步走向繁荣辉煌。

从殷商时起，直到唐代前期，中国的政治、经济和文化中心，基本上一直是在黄河流域。自唐代后期起长江下游地区的经济、文化才逐渐赶上甚至在某种程度上超过了黄河流域，经济、文化的重心开始南移。但是，作为全国政治、经济和文化中心的国都，却大多设在北方黄河流域。就一般所称述的安阳、西安、洛阳、开封、杭州、南京、北京这七大古都而言，设在南方的只有杭州和南京两处，而且还都不是统一王朝的都城，其他五大古都全都设在北方黄河流域。这足以说明，黄河对于滋育伟大的中华文明，起到了极为重要的作用。

水利灌溉工程与黄河流域的经济发展

黄河流域经济事业的发展，主要以农业为基础，而农业生产的发展，则离不开水利灌溉工程。根据《诗经》等古文献记载，在殷商时期，黄河中下游地区就已经广泛采用了沟洫灌溉技术。当时的田地被状如"井"字、纵横交错的沟渠所分割开来，渠道的端点与河流或泉源相贯通，遇涝宣泄积水，遇旱引水灌溉，有效地保障了农业生产的稳定。但是这样的沟洫也还很原始，因为它只局限于一些水源条件特别有利的地方，条件稍差一些的土地就无法开沟引水。这主要是受当时的生产力水平所限，还没有使用铁制生产工具，因此无法开凿大型灌溉渠道。

从春秋时期起，铁制生产工具逐渐推广，特别是各国相继变法图强，进入战国时期以后，生产力水平迅速提高，同时为了在群雄争逐中图存取胜，各国也都普遍重视鼓励农耕，以增强自己的经济实力。

在这种政治和经济形势下，黄河下游产生了我国历史上的第一个大型农田水利工程——漳水十二渠。漳水十二渠又称西门渠，在战国七雄之一魏国的属地邺县境内，即今河北磁县和临漳一带。这里正处在漳水由山区进入平原的过渡地带，由于地形和降雨的原因，漳水往往暴涨暴落，容易泛滥成灾。公元前422年，西门豹出任邺县县令，断然制止了"河伯娶妇"这一习俗，兴工修建渠道，想通过水渠来控制洪水，并引水灌田，化害为利。

西门豹在邺县总共开凿了12条水渠，引漳河水兼行分洪与溉田。由于漳河水中含有大量的细沙，有机质肥料十分丰富，引水灌田不仅可以补充农作物所需水分，并且能够淀淤肥田，结果使原来遍布于两岸的盐碱地得到了改良。漳水十二渠的修建，使邺县的粮食产量大幅度增长，灌区内的粮食亩产普遍达到600斤上下。这是当时的最高亩产量，充分说明这一水利工程产生了重大效用，因此，后人称呼此渠为"西门渠"，为的是纪念西门豹在中国水利史上的开创之功。

西门豹开凿漳水灌溉工程之后，黄河下游地区的水利事业出现了较大的发展，特别是迁都于大梁（今河南开封）的魏国及其西邻韩国，具有较高水平的水利工程技术。魏国在公元前361年（魏惠王九年）开始动工修建了沟通黄河与淮河两大水系的鸿沟。这项工程分段施工，前后持续多年，至公元前340年（魏惠王三十年）基本完工。鸿沟主要用于航运，但在水量富余时也可用于灌溉。这一工程规模宏大，技术复杂，它的成功，标志着我国古代的水利工程技术已经进入成熟阶段。

兴起、成熟于黄河下游的大型农田水利工程，很快就传入了黄河中游的关中平原。战国末期，秦国日渐强大，并吞六国的意图也日益明显。在这种情况下，软弱无力的韩国想出了一个奇怪计策，派遣了一名技术高超的水利专家——当时称为"水工"，到秦国去劝说秦始皇修建大型水利工程，企图以此来消耗秦国的人力，使其无暇东顾。

这位水利专家的名字叫郑国。善于言词的郑国，果然说动了秦始皇。这样在秦始皇元年（公元前246年）开始了这项居心叵测的工程，经过10多年的辛苦施工，建成了一条长达300多里、灌溉面积4万多顷（合今280万亩）的超大型农田灌溉渠道。这条渠道在渭河北岸，西引泾水，东入洛河。开渠之前，灌区内主要是盐碱地，不利于耕种。引渠水灌溉之后，泾河水中饱含的泥沙，大大增加了土壤的肥力，盐碱地得到改良，粮食亩产也随之大幅度提高。结果非但没有起到阻止秦人灭韩的作用，反而大大增强了秦国的经济实力，赖此完成了统一中国的宏业。

为了纪念这位对于中国历史做出了重大贡献的杰出水利科学家，后人用"郑国渠"来称呼这条前所未有的农田灌溉渠道。

郑国渠的历史作用事实上远不止于此，它更为重要的作用，是由此发展形成了关中灌溉网，支持了秦、西汉、隋、唐等几个强大王朝的国都。因此说黄河流域的农田水利事业对于中华文明起了巨大的支撑作用。

郑国渠的开凿，为关中农田水利网起到了开创的作用。进入西汉以后，由于关中是国都长安的所在地，为了保证都城的繁荣，更加重视关中的水利事业，在西汉王朝的京畿，就已全面建成了关中灌溉网络。整个灌区可以划分为三个系统：一是泾水系统。郑国渠在汉初仍旧发挥作用，但以后就逐渐湮废了，代之而起的是汉武帝太始二年（公元前95年）所开凿的白渠；在汉武帝元鼎六年（公元前111年），还在郑国渠的北岸开凿了六条小渠，名为"六辅渠"，用以灌溉过去郑国渠所不能灌溉的高地。二是渭水系统。引渭水有两条渠道，一条是渭河北岸的成国渠，就是现在仍在使用的渭惠渠的前身；另一条是渭河南岸的漕渠，它主要用于漕运，但在汉代也曾起过一定的灌溉作用。三是洛水系统。建有龙首渠。由于渠岸崩塌严重，渠道很大一部分是用打竖井开隧洞的办法使渠水穿行于地下，反映出当时的水利工程技术已经相当高超。（见图12）

关中灌溉系统形成后，对于关中农业生产的发展起到了巨大推进作用。司马迁在《史记·货殖列传》

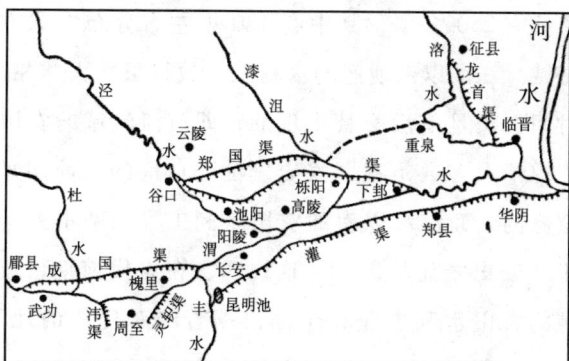

图12　西汉关中灌区示意图

中称颂关中"膏壤沃野千里"，就是说"千里关中平原都是肥得流油的土地"。显然，这千里"膏壤沃野"的形成，在很大程度上是得益于水利灌溉。

西汉建成的关中水利网，一直被沿用到隋唐时期，并且在隋唐时期还有了一定的扩展。隋、唐两朝立都关中，把长安城建成了富有国际色彩的空前都会，这里荟萃和孕育了灿烂的大唐文化，其最基本的经济基础还是关中的农业及其赖以发达的农田水利事业。

类似汉唐长安城依赖周围的水利灌溉渠道而繁荣发展都城文化的情况，在开封、洛阳、北京等黄河流域的古都中都普遍存在。例如洛阳附近有著名的"河内灌区"，据说兴起于秦代，最初是引沁水灌田，到唐代发展成了浚引黄河和伊、洛、沁、汴等多条水道的综合灌溉网络。

黄河流域的农田水利事业在唐代前期出现了鼎盛局面。据统计，唐代见于历史文献记载的农田水利工程总共有 250 多项，其中有 120 项左右分布在北方黄河流域。江淮以南地区的水利工程数目虽然大体相当，在时间上又是前后交替出现的，即黄河流域的农田水利工程绝大多数是在"安史之乱"以前的唐前期兴建或重修的，而江淮以南的农田水利工程则基本上是兴修于"安史之乱"以后。这说明，在唐代前期，黄河流域的农田水利事业在全国占据着绝对优势的地位。除了关中灌区和河内灌区之外，汾水流域也兴建了一大批灌溉渠道，是当时的主要灌区之一。由于兴修水利成为一时的风潮，甚至连黄土高原上的今陕西横山县附近也建起灌溉农田 200 多顷的延化渠。在黄河上游地段，著名的银川灌区和内蒙河套灌区都是在秦汉之际兴起的古老灌区，在唐代前期也得到了进一步发展。

"安史之乱"以后，黄河流域的农田水利工程受战乱的影响，往往湮废，而江淮以南则因北方人口大量南迁，加快了开发速度，从而修建了一大批农田水利工程。

北宋黄河流域农田水利事业最富有特色的成就是在黄河干支流上泄放浊水淤田，历史学家称之为"放淤"。由于黄河干支流都从上游冲下了大量富含有机质的泥沙，中下游就可以选择合适的时间和地点，有目的地泄放一定量的河水，把河水中的泥沙沉淤到预定的田地上，改良土壤，提高土壤肥力，从而提高粮食产量。放淤起源较早，秦汉时期可能就有过尝试，至迟在唐代就有了在汴渠上放淤的明确记载。北宋王安石变法时总结前人的经验，通过政府组织大力推广这一化害兴利的措施，使黄河干支流的放淤活动出现了前所未有的高潮。当时的淤田活动，不仅分布地域广，几乎遍布于黄河中下游各地，而且规模极大，动辄淤地数千顷。熙宁八年（1075 年）在今河北东光县的黄河干流上，一次放淤就淤出 2.7 万多顷肥田，获利甚多。王安石曾在一首诗中盛赞黄河水的这种神功妙用，说它"直是万顷黄金钱"。由上面举述的数字来看，仅一地一次就可以淤出万顷良田，那么整个黄河中下游干支流的水量，其价值又何止"万顷黄金"！

令人遗憾的是，放淤的盛况没有能维持多久，由于王安石在朝廷的政治斗争中失势，放淤失去了政府的组织和支持，很少有人进行。

宋室南迁以后，中原人口又一次大规模南徙，黄河流域的水利灌溉事业和经济发展水平，都再也没有能赶上江南。由于失去了稳固的经济依托，黄河流域的政治、经济和文化中心地位，就要更多地依赖漕运江南的物资来支撑，作为这样一条航运水道，黄河也发挥了至关重要的作用。

漕运系统与国都的繁荣

漕运特指通过水路向国都输送物资，尤其是粮食。作为一国的政治、经济和文化中心，都城内外居住着高达数十万乃至上百万人口，达官贵人、富商大贾更从全国各地会聚于此，因而每年都要消耗大量的粮食，同时也需要很多其他消费品。这样，仅仅依靠国都周围地区是根本无法满足其需求的。为此，各个封建王朝总是想方设法从其他富庶地区向国都运送粮食以及其他物资。由于交通工具落后，粮食质重难运，要尽可能利用水路，如果没有自然水道好用，就要用人工开凿运河，人们所熟知的大运河就是为此而兴修的。

我国虽然从春秋战国时起就开挖了鸿沟等人工航道，但都算不上漕运通道。从实际需要角度来看，大规模的漕运活动是从秦统一中国以后才产生的。秦都咸阳，在关中平原的中部，从代之而起的西汉都城长安的情况来分析，咸阳城的粮食供应肯定也有很大一部分是从函谷关（相当于三国以后的潼关，即今陕西潼关，为关中平原东出的门户）以东的"关东"地区运送过来的，只是由于秦祚短促，没有留下具体的记载。

西汉都城长安，在今西安市区西北（隔渭河与秦都咸阳相对），濒临渭河。西汉初年，朝廷利用渭河和黄河水道，把关东地区的粮食溯黄河西运，然后转入渭河，运抵长安。这条水上运输线的重要作用，我们可以从张良劝说刘邦在关中建都的谈话中看得十分清楚。刘邦灭掉项羽之后，着手安排正式建都，当时大多数人都主张在洛阳建都，独有张良等少数几个人坚持立都于长安，他指出：关中"阻三面而固守，独以一面东制诸侯。诸侯安定，河、渭漕挽天下，西给京师；诸侯有变，顺流而下，足以委输。"这段话反映出利用黄河和渭河连贯构成的水上运输线来保障长安城的供给，是刘邦决策定都关中的一项重要条件。

黄河与渭河连贯而成的漕运航道，虽然在历史上发挥过重大作用，但本身都存在着比较严重的缺陷。渭河的问题是下游航道过于曲折，而且水浅沙深，不利于航行；黄河的主要问题则是三门峡河段极为凶险，粮船常常倾覆。从西汉起，人们在这两方面先后采取了许多措施，其中最为重要的就是人工开挖运河，用更替艰难险涩的航道。

汉武帝元朔年间（公元前 128～前 123 年），首先建成了由长安城直抵渭河口（入黄河处）的"漕渠"。这条渠道从长安城以西的渭河中分引水流，同时也引入了一些从终南山中流出的渭河支流，在渭河南岸一直向东延伸。漕船改走漕渠后，大大缩短了航行时间，提高了运输效率。但渭河水流本来就不够丰沛，漕渠只能分引其一部水量，水流一小，泥沙沉淤速度就必然加快，所以漕渠无法维持长期通航，使用一段时间就要被湮塞。事实上，自从汉武帝开通漕渠以后，定都于长安，需要从关东漕运粮食的王朝，都是交替使用渭河和漕渠，相对来说使用渭河的时间还要更多一些。

在汉武帝之后，漕渠又重新开挖过三次。第一次是在隋文帝开皇四年（584 年），命名为广通渠，后来因避忌隋炀帝杨广的名讳而改为永通渠；第二次是在唐玄宗天宝元年（742 年），命名为兴成渠；第三次是在唐文宗开成元年（836 年），没有另立新名。

对于三门峡险段的整治，主要是在唐代进行的。

唐高宗显庆元年（656 年），在三门峡险段岸旁凿山架路，试图用陆运来替代这一段水运，稍后又在石壁上开凿栈道，用以供民夫在岸上牵船。至唐玄宗开元、天宝之际，又在三门峡北侧开凿了一条运渠，后人称之为"开元新河"，以使航船绕过三门之险。这几次对于三门峡航道的整治，都没有能取得预期的成效，船只通过三门峡河段时，一般都要采取陆运的办法，绕过险段，然后再装船水运。

渭河、黄河漕运航道就像一条巨大的管道，源源不断地把关东各地的"经济养分"输送到国都长安，从而培育出绚烂多彩的汉唐文化，就文学而论，如汉赋、唐诗，其著名作者无不荟萃于京城，此唱彼和，相映生辉。

在西汉时代，漕运到长安城中的粮食主要来自黄河中下游地区，其中还不包括今河北平原的腹地及近海地带，因为当时这里还刚刚开发，不会有多少粮食可以外运。从三国时期起，河北平原中东部和江、淮以南地区逐渐加深开发，到隋文帝统一中国以后，就适应于这种变化，陆续修建了足以与万里长城相互媲美的大运河，扩展了漕运系统。

隋代大运河由通济渠、山阳渎、江南运河和永济渠等部分构成。其中有相当一部分是对旧有渠道的疏浚、连贯和改造。

通济渠利用战国以来形成的鸿沟水系，引黄河南入淮河，从而把漕运主干道向南延伸到淮河。在淮河以南，利用春秋时期开挖的邗沟，整治建成了山阳渎，把淮河与长江连通。在长江以南，则又开凿了由今镇江通往杭州钱塘江口的江南运河，贯通长江与钱塘江。

永济渠对称于通济渠，从黄河北岸分出，向北一直抵达当时的军事重镇涿郡——即今北京城。永济渠的开凿也利用了一部分曹魏时期修建的水道。

扩展后的漕运系统，可以直接把江南地区和河北平原的粮食、物资漕运到都城长安，对于隋唐两朝的发展起到了至关重要的作用。特别是通济渠的东南运道，随着江南地区的经济发展，日益发挥出更大的作用。唐代中叶以后，江南的财富成了朝廷的主要财政来源，这条漕运渠道更成为维持唐朝政权的命脉。北宋建都开封，靠近汴河（即隋通济渠）是其中的一个重要原因。为此，北宋朝廷也非常重视汴河的修护，设有"提举汴河堤岸司"等专门机构，管理航道。（见图13）

元代建都北京，明、清相承未改。北京虽然离开了黄河岸边，但是仍旧要依赖黄河水来维持其漕运航道。到了元代，江南的经济比唐宋有了更大的发展，北京虽然远在燕山脚下，可是朝廷的用度却"无不仰给于江南"。要想把江南的财富漕运到北京，需要跨越长江、淮河和黄河三大河流，难度已大大超过唐宋时代。在淮河以南，元代沿用了隋唐以来的渠道。从淮河（当时黄河袭夺淮河下游河道，所以这里所说的淮河实际上也就是黄河）起到徐州，利用顺泗水河道而下的黄河河道。从徐州到山东临清，新开挖了两条运渠，南段称为济州河，北段名为会通河，水源分别是汶水和泗水。从临清到通州，走的是大致相当于隋代

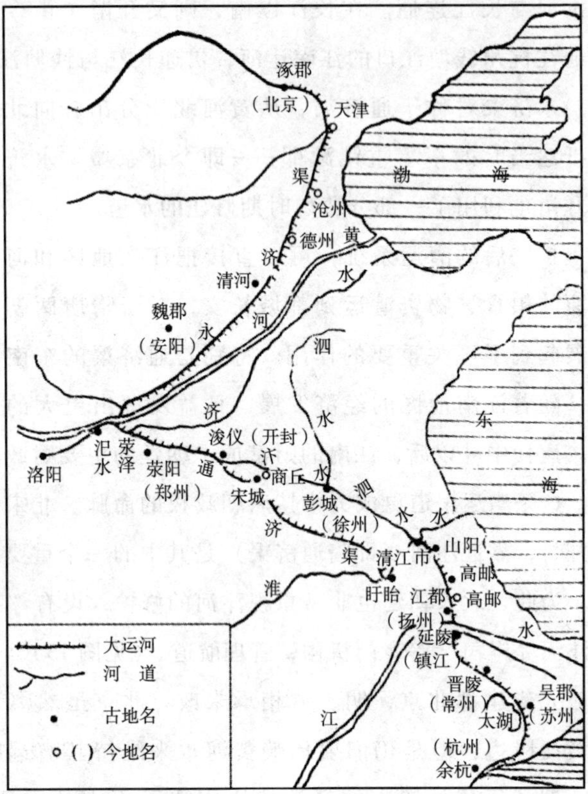

图 13 隋唐大运河示意图

永济渠的御河。从通州到北京城，也新修了一段渠道，这就是由著名水利工程专家郭守敬所主持开凿的通惠河，汇聚北京西山一系列泉水，停蓄成积水潭，作为漕运的码头。经过元代改建后的大运河，虽然没有利用多少黄河航道，但是北方河流水量有限，运河需要黄河水补给来维持通航，这种情况直到清代依旧没有改变，所以元、明、清三朝都城的漕运还是离不开黄河。（见图14）

　　通过上述灌溉与漕运两个侧面，我们可以清楚地

图中文字：

桑 干 水

大都
通州
直沽
渤
海
漳
沱
河
水
沧州
东光
德州
颍
河
清
临清
马
大
东
大名
安民山
梁山
兖州
淇门
济宁路
济州
漳
郑州
归德府（商丘）
汴梁路
（开封）
黄
徐州
邳州
颍
河
山阳
淮安路
水
高邮
淮
江
扬州
丹徒
（镇江）
苏州
太湖
嘉兴
大
杭州

大运河
古地名
（　）今地名

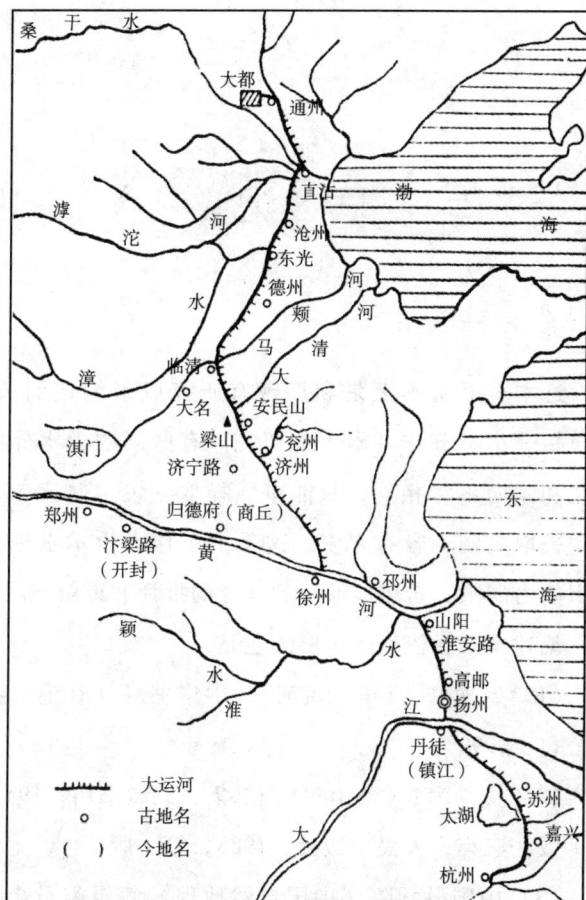

图 14　元代大运河示意图

看到，冲荡不驯的黄河，在给两岸民众造成许多灾难的同时，也对我们民族和民族文化的繁荣发展起到了至关重要的作用。从这一方面来看，它确实是一条蕴含着无穷价值的黄金水道。只要我们坚持科学地治理和开发利用这条水道，终究有一天会彻底化害为利，让黄河为中华文明的发展作出更多的贡献。

后 记

　　这本小书基本上是利用现有研究成果编述而成，也包括一小部分作者本人的研究。有些问题学术界的看法和倾向不尽相同，只能审慎择取一说，向读者介绍。去取之间，容有未安，这是由于作者学术水平和认识能力所限，希望能够得到读者的批评和谅解。

　　编述本书，依据的主要著述是：

　　（1）邹逸麟：《千古黄河》，中华书局（香港）有限公司，1990。

　　（2）史念海：《河山集》，二集，三联书店，1981，第1版；三集，人民出版社，1988，第1版。

　　（3）中国科学院《中国自然地理》编辑委员会编《中国自然地理》之《历史自然地理》分册，科学出版社，1982，第1版。

　　（4）水利部黄河水利委员会《黄河水利史述要》编写组：《黄河水利史述要》，水利出版社，1982，第1版。

　　（5）中国水利学会水利史研究会编《黄河水利史论丛》，陕西科学技术出版社，1987，第1版。

（6）祁明荣主编《黄河源头考察文集》，青海人民出版社，1982，第 1 版。

（7）谭其骧：《长水集》（下册），人民出版社，1987，第 1 版。

（8）武汉水利电力学院、水利水电科学研究院《中国水利史稿》编写组：《中国水利史稿》（上、中、下），水利电力出版社，1979、1987、1989，第 1 版。

（9）姚汉源：《中国水利史纲要》，水利电力出版社，1987，第 1 版。

在此谨向上述作者致以衷心谢意。

《中国史话》总目录

系列名	序号	书　名	作　者
物质文明系列（10种）	1	农业科技史话	李根蟠
	2	水利史话	郭松义
	3	蚕桑丝绸史话	刘克祥
	4	棉麻纺织史话	刘克祥
	5	火器史话	王育成
	6	造纸史话	张大伟　曹江红
	7	印刷史话	罗仲辉
	8	矿冶史话	唐际根
	9	医学史话	朱建平　黄　健
	10	计量史话	关增建
物化历史系列（28种）	11	长江史话	卫家雄　华林甫
	12	黄河史话	辛德勇
	13	运河史话	付崇兰
	14	长城史话	叶小燕
	15	城市史话	付崇兰
	16	七大古都史话	李遇春　陈良伟
	17	民居建筑史话	白云翔
	18	宫殿建筑史话	杨鸿勋
	19	故宫史话	姜舜源

系列名	序号	书　名	作　者	
	20	园林史话	杨鸿勋	
	21	圆明园史话	吴伯娅	
	22	石窟寺史话	常　青	
	23	古塔史话	刘祚臣	
	24	寺观史话	陈可畏	
	25	陵寝史话	刘庆柱	李毓芳
	26	敦煌史话	杨宝玉	
	27	孔庙史话	曲英杰	
物化历史系列（28种）	28	甲骨文史话	张利军	
	29	金文史话	杜　勇	周宝宏
	30	石器史话	李宗山	
	31	石刻史话	赵　超	
	32	古玉史话	卢兆荫	
	33	青铜器史话	曹淑琴	殷玮璋
	34	简牍史话	王子今	赵宠亮
	35	陶瓷史话	谢端琚	马文宽
	36	玻璃器史话	安家瑶	
	37	家具史话	李宗山	
	38	文房四宝史话	李雪梅	安久亮

系列名	序号	书　名	作　者
制度、名物与史事沿革系列（20种）	39	中国早期国家史话	王　和
	40	中华民族史话	陈琳国　陈　群
	41	官制史话	谢保成
	42	宰相史话	刘晖春
	43	监察史话	王　正
	44	科举史话	李尚英
	45	状元史话	宋元强
	46	学校史话	樊克政
	47	书院史话	樊克政
	48	赋役制度史话	徐东升
	49	军制史话	刘昭祥　王晓卫
	50	兵器史话	杨　毅　杨　泓
	51	名战史话	黄朴民
	52	屯田史话	张印栋
	53	商业史话	吴　慧
	54	货币史话	刘精诚　李祖德
	55	宫廷政治史话	任士英
	56	变法史话	王子今
	57	和亲史话	宋　超
	58	海疆开发史话	安　京

系列名	序号	书　名	作　者
交通与交流系列（13种）	59	丝绸之路史话	孟凡人
	60	海上丝路史话	杜　瑜
	61	漕运史话	江太新　苏金玉
	62	驿道史话	王子今
	63	旅行史话	黄石林
	64	航海史话	王　杰　李宝民　王　莉
	65	交通工具史话	郑若葵
	66	中西交流史话	张国刚
	67	满汉文化交流史话	定宜庄
	68	汉藏文化交流史话	刘　忠
	69	蒙藏文化交流史话	丁守璞　杨恩洪
	70	中日文化交流史话	冯佐哲
	71	中国阿拉伯文化交流史话	宋　岘
思想学术系列（21种）	72	文明起源史话	杜金鹏　焦天龙
	73	汉字史话	郭小武
	74	天文学史话	冯　时
	75	地理学史话	杜　瑜
	76	儒家史话	孙开泰
	77	法家史话	孙开泰
	78	兵家史话	王晓卫

系列名	序号	书名	作者
思想学术系列（21种）	79	玄学史话	张齐明
	80	道教史话	王 卡
	81	佛教史话	魏道儒
	82	中国基督教史话	王美秀
	83	民间信仰史话	侯 杰　王小蕾
	84	训诂学史话	周信炎
	85	帛书史话	陈松长
	86	四书五经史话	黄鸿春
	87	史学史话	谢保成
	88	哲学史话	谷 方
	89	方志史话	卫家雄
	90	考古学史话	朱乃诚
	91	物理学史话	王 冰
	92	地图史话	朱玲玲
文学艺术系列（8种）	93	书法史话	朱守道
	94	绘画史话	李福顺
	95	诗歌史话	陶文鹏
	96	散文史话	郑永晓
	97	音韵史话	张惠英
	98	戏曲史话	王卫民
	99	小说史话	周中明　吴家荣
	100	杂技史话	崔乐泉

系列名	序号	书名	作者
社会风俗系列（13种）	101	宗族史话	冯尔康　阎爱民
	102	家庭史话	张国刚
	103	婚姻史话	张　涛　项永琴
	104	礼俗史话	王贵民
	105	节俗史话	韩养民　郭兴文
	106	饮食史话	王仁湘
	107	饮茶史话	王仁湘　杨焕新
	108	饮酒史话	袁立泽
	109	服饰史话	赵连赏
	110	体育史话	崔乐泉
	111	养生史话	罗时铭
	112	收藏史话	李雪梅
	113	丧葬史话	张捷夫
近代政治史系列（28种）	114	鸦片战争史话	朱谐汉
	115	太平天国史话	张远鹏
	116	洋务运动史话	丁贤俊
	117	甲午战争史话	寇　伟
	118	戊戌维新运动史话	刘悦斌
	119	义和团史话	卞修跃
	120	辛亥革命史话	张海鹏　邓红洲

系列名	序号	书 名	作 者
	121	五四运动史话	常丕军
	122	北洋政府史话	潘 荣 魏又行
	123	国民政府史话	郑则民
	124	十年内战史话	贾 维
	125	中华苏维埃史话	杨丽琼 刘 强
	126	西安事变史话	李义彬
	127	抗日战争史话	荣维木
	128	陕甘宁边区政府史话	刘东社 刘全娥
近代政治史系列（28种）	129	解放战争史话	汪朝光
	130	革命根据地史话	马洪武 王明生
	131	中国人民解放军史话	荣维木
	132	宪政史话	徐辉琪 傅建成
	133	工人运动史话	唐玉良 高爱娣
	134	农民运动史话	方之光 龚 云
	135	青年运动史话	郭贵儒
	136	妇女运动史话	刘 红 刘光永
	137	土地改革史话	董志凯 陈廷煊
	138	买办史话	潘君祥 顾柏荣
	139	四大家族史话	江绍贞
	140	汪伪政权史话	闻少华
	141	伪满洲国史话	齐福霖

系列名	序号	书名	作者
近代经济生活系列（17种）	142	人口史话	姜涛
	143	禁烟史话	王宏斌
	144	海关史话	陈霞飞　蔡渭洲
	145	铁路史话	龚云
	146	矿业史话	纪辛
	147	航运史话	张后铨
	148	邮政史话	修晓波
	149	金融史话	陈争平
	150	通货膨胀史话	郑起东
	151	外债史话	陈争平
	152	商会史话	虞和平
	153	农业改进史话	章楷
	154	民族工业发展史话	徐建生
	155	灾荒史话	刘仰东　夏明方
	156	流民史话	池子华
	157	秘密社会史话	刘才赋
	158	旗人史话	刘小萌
近代中外关系系列（13种）	159	西洋器物传入中国史话	隋元芬
	160	中外不平等条约史话	李育民
	161	开埠史话	杜语
	162	教案史话	夏春涛
	163	中英关系史话	孙庆
	164	中法关系史话	葛夫平

系列名	序号	书　名	作　者
近代中外关系系列（13种）	165	中德关系史话	杜继东
	166	中日关系史话	王建朗
	167	中美关系史话	陶文钊
	168	中俄关系史话	薛衔天
	169	中苏关系史话	黄纪莲
	170	华侨史话	陈　民　任贵祥
	171	华工史话	董丛林
近代精神文化系列（18种）	172	政治思想史话	朱志敏
	173	伦理道德史话	马　勇
	174	启蒙思潮史话	彭平一
	175	三民主义史话	贺　渊
	176	社会主义思潮史话	张　武　张艳国　喻承久
	177	无政府主义思潮史话	汤庭芬
	178	教育史话	朱从兵
	179	大学史话	金以林
	180	留学史话	刘志强　张学继
	181	法制史话	李　力
	182	报刊史话	李仲明
	183	出版史话	刘俐娜
	184	科学技术史话	姜　超

系列名	序 号	书 名	作 者
近代精神文化系列（18种）	185	翻译史话	王晓丹
	186	美术史话	龚产兴
	187	音乐史话	梁茂春
	188	电影史话	孙立峰
	189	话剧史话	梁淑安
近代区域文化系列（11种）	190	北京史话	果鸿孝
	191	上海史话	马学强　宋钻友
	192	天津史话	罗澍伟
	193	广州史话	张　苹　张　磊
	194	武汉史话	皮明庥　郑自来
	195	重庆史话	隗瀛涛　沈松平
	196	新疆史话	王建民
	197	西藏史话	徐志民
	198	香港史话	刘蜀永
	199	澳门史话	邓开颂　陆晓敏　杨仁飞
	200	台湾史话	程朝云

《中国史话》主要编辑
出版发行人

总 策 划　谢寿光　　王　正

执行策划　杨　群　　徐思彦　　宋月华

　　　　　　梁艳玲　　刘晖春　　张国春

统　 筹　黄　丹　　宋淑洁

设计总监　孙元明

市场推广　蔡继辉　　刘德顺　　李丽丽

责任印制　郭　妍　　岳　阳